DESSERT MADE BY
THE WORLD CHAMPION OF
BAKING COMPETITION

世界冠军的烘焙甜点

新手也能快速晋升烘焙达人！

杨嘉明　著

U0284437

江苏凤凰科学技术出版社

欢迎加入幸福甜点的行列

　　我的家族三代皆从事烘焙行业。我在烘焙的环境中成长，从小耳濡目染，家族的长辈们常常提醒我要把自己当成"海绵"，并以先思考再去执行的观念，认真学习、努力钻研。我一直秉持着这份信念，经过大大小小的磨炼和实战经验，投入烘焙产业至今将近 20 年。从在传统面包店当学徒开始，到现在经营一家烘焙公司，成为能独当一面负责经营、生产、营运的甜点主厨。

　　未曾有过比赛经验的我，直到进入教职才尝试接触不同的竞赛来锻炼自己。我于 2015 年和另一位伙伴接受挑战，参加 IBA 甜点国际大赛。"IBA 德国慕尼黑世界杯甜点大赛"是我第一次参与团队的国际比赛，我必须先经过本地区内的选拔，晋级之后才能代表中国台湾到德国参赛。在这个过程中，我一次又一次地告诉自己，要享受难得的比赛过程及成长的喜悦，并突破自己、直面挑战，将技能标准提高，努力完成每一场模拟赛。

　　当大会宣布中国台湾团队获得世界冠军时，我的心情非常激动，我们终于获得肯定，打败了其他国家强劲的竞争对手，得到这份世界等级的荣誉。

　　之后，我于 2016 年积极投入，创立了心目中理想的"ERSTE 艾斯特烘焙"。"ERSTE"是德文的"冠军"之意，期望自己凭借这份殊荣及自身的手艺，在中国台湾这块土地上发光发热；也希望能培育更多烘焙业的人才，让每一位走进艾斯特烘焙的消费者都有幸福甜蜜的心动感受。

　　所谓台上十分钟，台下十年功。这不只是我个人的成就，感谢支持我的妻子和儿女，让我成为中国台湾的骄傲，我也会把这份得来不易的世界冠军头衔传承给有理想、有目标的烘焙人，将这份荣耀分享给众多喜爱甜点美食的人。

　　经过这段时间的努力，艾斯特烘焙开业至今已获得2015年"台北甜心"伴手礼冠军、"台北观光"指定伴手礼店家，同时接受了爱评网及电视采访，还有电视节目《上班这档事》《欢乐智多星》《我家有个总铺师》《旅行应援团》等各大媒体的采访报道。

　　喜欢甜点美食的人，内心总是充满喜悦与幸福的。而我则是一位打造幸福感的推手，每每完成一款又一款令人赏心悦目的甜点时，看着购买者不论是犒赏自己还是馈赠给心爱的人的表情，幸福、愉悦的感动已然在我心中蔓延。我真的非常高兴能将多年习得的技术整合出版，这不仅是一本工具书，也将会成为一份幸福的指标。您准备好了吗？欢迎您加入幸福的行列。

Contents 目录

超有成就感的烘焙学堂开课了

PART 1　巧克力类

PART 2　塔类

PART 3　奶酪布丁类

PART 4　饼干类

超有成就感的烘焙学堂开课了

 烘焙方法超简单，一学就会

    本书中甜点的制作方法大多非常简单，清楚明了地说明了每一个步骤与要注意的细节，让初学者感受到学习制作蛋糕其实是充满了乐趣与成就的事情。只要细心、用心，加上多花一点时间努力练习，就可以做出不易失败又好吃的甜点。

    我们从最基础的巧克力制作到进阶的品类，其中也会传授不同的做法和口味上的应用；然后一直延伸到经典的法式甜点，用不同的动物造型和花样指导读者制作更多美味甜点的方式，还有在家就可轻松制作的奶酪和果冻，自己做出来的安心又可口。

    还有糖霜饼干的教学，各种可爱的动物造型让新手第一次制作就能上手；书中也有难度较高的部分，例如蛋糕卷在烘烤时，要非常注意控制炉温；另外，在卷蛋糕时要特别注意手的力道和顺序，里面的馅料也要涂抹均匀，这样才可以卷出完美的蛋糕。

    在蛋糕单元中，其实制作生日蛋糕算是比较有挑战性的，从生日蛋糕的面糊到烤出来的蛋糕，建议多尝试几次。每次的制作过程都会不一样，而且抹鲜奶油时不可能一次就上手，需要长期练习，才能抹出像蛋糕店里所售的生日蛋糕那样的完美造型。

    多方面的学习可以让自己在每次的制作过程中都能有所成长，到最后就会做出完美的生日蛋糕，让人一看就喜爱；也可以带着朋友一步步制作，细心地学习每个步骤，不要因为失败就放弃，要从错误中吸取经验，只要努力就一定会成功的。

第2课 **在制作过程中收获满满**

学习烘焙的过程中，一定要从认识器具开始，因为要做出好吃的甜点需要用到一些专业的器具。例如每台烤箱的温度功能都不同，只有研究不同功能的差异性，在烘烤过程中才能得心应手。还要认识搅拌机的功能，学习正确的操作方式，以免造成失误，导致失败。

挑选优质的烘焙工具，如打蛋器、橡皮刮刀、硅胶垫等，在制作甜点时可以更加得心应手。而烘焙的基本食材有多种类及不同的品牌差异，从粉类、巧克力、水果酱等多种食材入手，了解各种食材不同的特质，如水果果泥与新鲜水果可以用在不同的甜点中。平时再多加以技术训练及研发，才能做出完美的烘焙甜点。

称量各种食材时也要小心，分量不能多也不能少，以免造成成品不良等问题。而搅拌食材或烤焙过程中，细心也非常重要。遇到失败不要沮丧，找出问题并加以克服，才能得到良好的成果。

建议初学者从简单的甜点开始做起，而有经验的人可以从制作困难的甜点开始挑战，也可以依照产品类型进行制作，如巧克力、奶酪、塔类等。书中的甜点多使用健康的食材，用鲜榨的果汁做出美味的甜点，利用水果皮增加馅料的味道，同时应用一些小技巧增加甜点口感的丰富性。希望您在烘焙学习的过程中，也能多应用健康的食材，多增加日常生活饮食的知识及烘焙的专业知识。此外，最重要的是学会珍惜食物和爱护地球，让我们的世界更美好。

第3课 准备一些基本工具就能搞定

烤 箱

　　各式烤箱的功率均有差异，最好是选购内盘宽广、具备上下温控火力调节功能的烤箱，还要考虑到清洁的便利性。本书标示的烤箱温度为专业型烤箱的温度。使用家庭烤箱时要掌握烤箱的特性，调控合适的温度，才能使其成为烘焙的绝佳帮手。

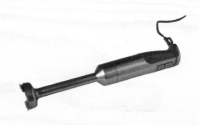

食物调理搅拌棒

　　在烘焙过程中，可以选择手持电动搅拌棒，既方便，又好操作。它可以快速将食材乳化均匀，或者把食材绞碎，是轻松又便利的烘焙好帮手。

桌上型搅拌机

　　市面上的搅拌机样式很多，可以依照家中的需求去购买不同大小或容量的搅拌机。功能上应满足可轻松打发蛋白，方便更换配件（球状、钩状、桨状），能控制制作分量，快速省力，调节转速为佳。

电磁炉

具有触控操作接口、面板防滑、有分段式火力、可设定时间、过热警示或自动断电等功能，加热迅速且安全，属于高功率电器，不适合与其他电器共享插座。

电子秤

可以选用烘焙专用的电子秤，最大称重量至少要有3千克，最小单位则以克计算。使用时请勿重摔，以免电子秤受到损伤，而造成零件受损，导致测量数据失准。

模 具

制作蛋糕时装面糊必需的模具，分多种样式和造型；大小形状也不同，可依照自己的需求采购。不同大小造型的模具，其受热度也会有差异。

筛 网

主要用于过筛面粉原料，避免制作的面糊结成粒状，失去蓬松感。市售的筛网，大小和粗细有所不同，请依用途及使用的便利性选择合适的商品。

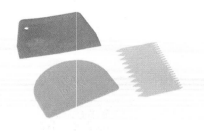

各式抹刀

　　制作鲜奶油蛋糕使用的器具。大多购买不锈钢材质，使用完毕后，要用清水冲洗干净，再用干布擦拭干净后保存。避免重摔造成刀片弯曲。

橡皮刮刀

　　用于搅拌食材及刮除附着在钢盆上的材料。建议购买硅胶材质的刮刀，以方便加热巧克力或奶油时可以直接使用。

不锈钢盆

　　有玻璃、塑料、不锈钢等多种材质，可依据制作的产品挑选适合的材质，可以准备2～3个交替使用。

擀面棒

　　用于擀平面团、派类、饼干的工具，建议购买不易粘黏的塑料材质，容易清洗。

打蛋器

　　将食材打散与混合的工具。可依照钢盆的大小购买合适的打蛋器，不锈钢材质较好清洗与保存。

刷 子

　　分硅胶材质和羊毛刷材质，建议选购硅胶材质的刷子，它不像羊毛刷材质那么容易掉毛。

量 杯

　　用来测量液态材料，如水、牛奶等。市面上有各种不同容量的量杯，可以依照需求挑选合适的大小，以玻璃材质最好清洗且耐用，但重量较重。

烤盘纸

　　分为油性烤盘纸及白色报纸。油性烤盘纸可以防水防黏，最高耐热温度为250℃，价格稍贵；而白色报纸不防水不防油，但可以防止面糊粘黏，价格较便宜。

各式刀具

　　刀具分为西餐刀、小刀、锯齿刀等。如细锯齿刀可用来分切蛋糕，西餐刀可以切巧克力，而小刀适合切各式新鲜水果。可依照个人需求选择合适的刀具。

硅胶垫

　　为烘焙专用的硅胶垫，制作马卡龙时可防止食材粘黏，最高耐热温度为200℃，用途广泛，可以重复使用，容易清洗，但价格较贵。

硅胶模型

　　烘焙专用硅胶膜，最高耐热温度为250℃，可用于制作蛋糕或果冻，用途广泛，容易清洗。

温度枪

用来测量烘焙过程中固体或液体的温度。

温度枪

可以测量液态食材的表面温度，例如做甜点时可以精准测量食材的制作温度，而不会加热超标，大多在调温巧克力与煮液态原料时使用。调温巧克力时在温度的控制上非常关键，一旦超过最大温度，容易造成失败。

手　套

分为硅胶材质和厚棉布材质。硅胶材质防滑、耐热，可接触温度高达 200℃的物体，价位稍高，但它可以分散热源，防止手部烫伤。厚棉布材质的手套防油、耐热，但需要多套两层，才可以预防烫伤，价格便宜。

挤花袋与各式花嘴

挤花袋分为抛弃式及可重复使用式。花嘴要装入挤花袋时使用，可以挤出各种造型，常用于饼干、泡芙、蛋糕等。若要制作鲜奶油蛋糕，挤出花纹装饰，准备的花嘴也要跟书中介绍的一样，才能做出同样的造型。

耐热小型重石

主要是用来重压塔类，预防塔皮烤焙变形。市面上所卖的重石，价格较昂贵，可以改用耐热的红豆直接代替，可以达到同样的效果。

造型压模

模型材质分为不锈钢和塑料两种，造型多样化。可依照自己喜欢的造型购买，使用完毕后请勿重压，避免造型损坏。

玛芬盘

制作玛芬（Muffin）或是杯子蛋糕的模具，盘面、数量与杯型的规格均有不同大小，可依照自己的需求采购。多数模具材质为碳钢，外层有不粘处理。

花型压模

花型压模可依自己喜欢的样式或图案去选购，以做出自己心目中最好的产品。

烤盘喷油

为烘焙专用的烤盘油，主要用于制作蛋糕时，喷洒在蛋糕模表面，形成隔离，预防甜点脱落；也可喷洒在烤盘上，让烤盘纸容易附着，不易掉落。

蛋糕耐烤纸杯

制作杯子蛋糕时使用。可以选购自己喜欢的样式和大小，以制作出自己心目中漂亮的杯子蛋糕。

喷火枪

制作装饰时如需加热食材或器具，可以使用喷火枪，使产品容易融化，器具容易切割食材。

第4课 **本书应用的"基础烘焙材料"**

粉类

1. 低筋面粉

面粉是制作甜点的主要成分之一，常见的有高筋、中筋、低筋及全麦面粉。

低筋面粉的蛋白质含量在7%～9%之间，多用来制作蛋糕、饼干。

2. 高筋面粉

高筋面粉的蛋白质含量在15%以上，适合制作面包、面条、油条。在西点中多用于制作松饼、奶油空心饼（泡芙）；在蛋糕配方中仅限高成分的水果蛋糕使用；通常也会使用高筋面粉来做手粉。

3. 法国面粉（T55）

法国制造的面粉，型号T55，面粉的蛋白质含量在10%～12%之间。

6. 塔塔粉

学名为酒石酸氢钾，主要作用为降低蛋白的pH，使蛋白较容易发泡，并降低蛋糕的碱味，使蛋糕洁白细腻。

4. 泡打粉

俗称发粉，是一种由小苏打粉加上其他酸性材料制成的化学膨大剂，溶于水后会产生二氧化碳，多用于蛋糕、饼干等甜点配方。

5. 蛋白粉

蛋白经干燥后制成的粉类，可加入打发的蛋白中，稳定其发泡效果。

糖类

1. 细砂糖

西点制作不可缺少的主原料之一。除了增加甜味，柔软成品组织之外，在打蛋时加入，还具有帮助起泡的作用。

2. 糖粉

由砂糖制成的粉末，用于制作糕点，还可作为奶油霜饰或撒于成品上，作为装饰用。成品若需久置，则必须选用具有防潮性的糖粉，以免受潮。

3. 本合糖

日本制造的粗砂糖。

6. 蜂蜜

由蜜蜂采集的花蜜酿成。

4. 枫糖

天然枫树浆提炼而成的糖。

5. 翻糖

利用砂糖的结晶作用制作而成。

9. 葡萄糖浆

葡萄糖浆是一种以淀粉为原料，在酶或酸的作用下产生的淀粉糖浆，为液态。

7. 糖浆

蔗糖经由水解后产生的液体。

8. 转化糖浆

转化糖浆的甜度较蔗糖高，且可保持较多水分，不易结晶，是烘焙中最常使用的原料。

油脂类

1. 动物性鲜奶油

采用新鲜的全脂牛奶，经过乳脂分离及加工技术制成，乳脂含量为27%～38%。口感浓郁，乳味香醇，保存时间短，不适合冷冻。常用于制作冰淇淋、蛋挞、慕斯或蛋糕等。

2. 打发动物性鲜奶油

经过打发之后，可维持原样，硬挺有形，口感较软柔，略带甜味，不腻口，常用于鲜奶油蛋糕表层装饰或冰凉的慕斯蛋糕。

3. 植物性鲜奶油

主要成分是棕榈油、玉米糖浆及其他氢化物。甜度比动物鲜奶油高，通常已经加糖，容易打发，挤花线条更明显，保存期较久。可放置于冷冻库，解冻后即可使用，适用于制作生日蛋糕、泡芙或馅料。

4. 日本香缇调和鲜奶油

具有自然浓郁的口感以及清爽的乳香风味。可搭配动物性鲜奶油，中和一般奶油过腻的口感，提升甜点轻盈的风味，使成品的口感层次更丰富。打发后适合用来装饰挤花，需依指示冷藏或冷冻保存。

5. 奶水

是保久乳，常用于调配饮品及制作糕点。

7. 可可脂

由可可豆提炼而成的透明无味的液态植物油，经常用于巧克力的制作。

6. 奶油

从牛奶中提炼的固态油脂，是制作西点的主材料之一，通常含有1%～2%的盐分。有时制作特定西点时，才会使用无盐奶油。奶油可使甜点组织柔软，增强风味。需冷藏或冷冻保存。

8. 焦化奶油

将天然奶油煮至焦化，用于制作糕点。

9. 色拉油

由大豆提炼而成的透明、无味的液态植物油，经常用于戚风蛋糕及海绵蛋糕的制作。

10. 橄榄油

由橄榄提炼而成的透明、无味的液态植物油，用于蛋糕的制作。

蛋类

1. 全蛋

西点中不可缺少的主材料之一，具有起泡性、凝固性及乳化性。须选择新鲜的鸡蛋来制作，一般配方则以中等大小的鸡蛋为选用原则。

2. 蛋黄

蛋黄的主要成分为卵磷脂，可提供风味与帮助乳化。

3. 蛋白

蛋白不含脂肪，具有起泡性。

酱料类

1. 榛果酱

榛果与糖经提炼后制成的浓缩酱，用于烘焙调味。

2. 香草精

香草豆荚经提炼后制成的浓缩精，用于增加风味。

3. 杏仁膏

杏仁豆加糖后压制成的膏状物，用于在制作蛋糕时增加风味。

4. 柠檬酱

柠檬与糖经提炼后制成的浓缩酱，用于烘焙调味。

5. 香草酱

香草豆荚与糖经提炼后制成的浓缩酱，用于烘焙调味。

6. 橘丝酱

橘皮与糖经提炼后制成的浓缩橘丝酱，用于为烘焙增加风味。

7. 巧克力酱

采用高浓缩的玉米糖浆添加可可粉合成。

8. 水果酱（果泥）

新鲜水果经过处理后制成的冷冻果酱。

其他类

1. 核桃

西点常用的坚果之一。使用前可先放入烤箱烤熟，风味更佳，因含有较多油脂，容易氧化，所以保存时需注意密封冷藏。

2. 奶油霜

用奶油和糖粉经过快速打发后制成，多用于制作馅料。

3. 伯爵茶粉

红茶与佛手柑烘制而成的特色茶叶，多用于特色糕点的制作。

4. 可可脆片

香酥的小脆片，用于增加蛋糕夹馅的口感与风味。

5. 马斯卡邦芝士

产于意大利的新鲜乳酪，色白，质地柔软，微甜，具有浓郁的奶油风味，为制作意式甜点提拉米苏的主要材料。需冷藏保存。

6. 奶油奶酪

质地柔软，微甜，具有浓郁的奶油风味，需冷藏保存。

7. 香草籽粉

由干燥的香草豆荚内的种子制成，是香草香气与风味的主要来源。

8. 吉利丁片

又名动物胶或明胶，是一种从动物的结缔组织中提炼萃取的凝结剂，颜色透明。使用前必须先浸泡于冷水，且可溶于80℃以上的热水。溶液中的酸度过高则其不易凝冻。成品必须冷藏保存，口感具有极强的韧性及弹性。

9. 橘条

橘皮与糖经蜜腌渍而成，用于为烘焙品增加风味与装饰。

10. 海盐

由天然海水提炼而成，风味温和。

12. 盐之花

法国顶级海盐。只有在特定产地、特定时间，在风与太阳的"合作"下，每50平方米的盐田才能结晶出不到500g的盐之花。它只能以传统手工的形式采收，价格较高。

13. 水滴巧克力豆

耐烤焙，且其油脂含量在25%以下，适合放入饼干、面包、蛋糕内烘焙，亦可用于蛋糕表面的装饰。

11. 精盐

主要具有调和甜味或提味的作用，一般使用精制细盐。制作面包面团时加入少量精盐，可增加面粉的黏性及弹性。

15. 金箔

食用金箔可添加在酒中，或在甜点蛋糕装饰中使用。

14. 抹茶粉

原料为绿茶，以天然石磨在低温下极细研磨而成。适合添加甜点制作或用80℃热水冲泡。

16. 甘露咖啡力娇酒

香甜酒的一种，为含有咖啡豆风味的蒸馏酒。制作提拉米苏或其他咖啡风味的甜点时经常使用，亦可在调酒时或加入咖啡、淋酱中使用。

17. 白兰地

由小麦等谷类发酵，酿造制成的蒸馏酒，酒精浓度达40%。即使经过烘焙，仍能保留酒香，适量加入至烘焙材料中，或涂抹于烤好的蛋糕上，可提升甜点的风味。

18. 百利甜酒

香甜酒的一种，为含有奶香风味的蒸馏酒时，制作风味甜点时经常使用，亦可在调酒时或加入咖啡、淋酱中使用。

19. 荔枝酒

又称利口酒，是利用水果、种子、植物皮或根，以及香草、香辛料等在酒精中浸酿、蒸馏，再增加甜味而制成。经常用在糕点制作中，以突显风味。常使用的有柑橘酒、樱桃酒、覆盆子甜酒等。

20. 速溶咖啡

浓缩咖啡液与咖啡酒的混合物，可用于黏附蛋糕，增加风味。

21. 彩虹米果

不同种颜色的巧克力豆，适合直接食用，或添加于冰淇淋、甜点，以及在蛋糕装饰时使用。

第 5 课 多选用天然食材，少用加工食材或食品添加剂

要把甜点做得好吃，重要的不只是配方与做法，天然、新鲜的食材也是不可或缺的。天然食材虽然保存时间不长，但对人体健康有益，也能让人吃出食材最原始的美味。本书使用了许多天然食材，如新鲜水果、农场鸡蛋、坚果、巧克力、茶叶等，套用在配方中，可变化出不同的口味。不仅可以作为主要食材，也能提升香气。读者也可以举一反三，发挥创意，使用特别食材进行制作。

新鲜水果

1. 草莓

用于装饰的草莓是最常出现的水果装饰之一。

2. 柳橙

西点制作中使用率较高的水果，其果汁可加入材料中提味或作为主材料，如蛋糕或果冻；其外皮也可磨碎后加入，可赋予糕点更浓郁的芳香，是极佳的天然香料。

3. 芒果

西点制作中使用率非常高的水果，其果汁可加入材料中提味或作为主材料，如蛋糕或果冻；还能赋予糕点更浓郁的芳香，是极佳的天然食材。

4. 蓝莓

具有丰富的营养价值，口感酸甜，适合直接食用或作为甜点的装饰。

5. 黑樱桃

经由糖腌渍过的樱桃，用于夹馅或装饰。

6. 柠檬丝

可增加产品风味，让柠檬香气更明显。

7. 芒果果泥

具有芒果浓郁的香气及微酸的味道，多用于鸡尾酒、风味苏打、冰茶、慕斯或冰淇淋的制作。

8. 草莓果泥

采用新鲜草莓急速冷冻杀菌处理，保有如新鲜水果般的口感与风味；将果泥置于2～6℃的冷藏环境中，进行2～4小时的缓慢解冻，以还原最佳质量的果泥。多用于慕斯、冰淇淋及各式甜点制作。

9. 覆盆子果泥

用独特的急速冷冻技术，完全保留果实的营养、色泽与美味。水果含量达90%以上，不添加色素与化学添加物，广泛用于制作冰淇淋、淋酱、慕斯、水果软糖、冷冻甜点、调酒、酱汁等。

10. 荔枝果泥

使用天然水果制作，内含有15%的糖，经加热过后冷冻保存。无论任何季节都可取得最佳的水果原味，可冷冻保存2年，适用于蛋糕、冷藏品、冷点、慕斯和鸡尾酒的制作。

11. 柠檬汁

新鲜柠檬榨汁，制作柠檬奶馅时，可增添柠檬的风味。

12. 蜜桃汁

经加热提炼后，于室温保存的浓缩水果果汁，多用于蛋糕制作。

13. 橘子水

经加热提炼后，于室温保存的浓缩水果果汁，多用于蛋糕制作。

烘焙基础技巧Q&A

关于烤箱

Q: 烤箱为什么需要提前预热？

A: 烤焙式甜点成功的最大关键是在烤焙的最后一道关卡。必须依照不同产品设定不同的温度和适宜的时间，调控好烤箱温度，才能烤出完美的甜点。而在制作过程中，也需要反复练习、尝试，才能成功烤出"幸福"的甜点。

Q: 如何预防烘烤产品粘黏？

A: 可以在使用的模具上喷上少许烤盘油，以方便在烤焙完成后脱模；或是在制作整盘蛋糕时，在烤盘表面喷烤盘油后，再铺上烤盘纸，即可达到防黏的效果。

关于备料

Q: 甜点备料有哪些注意事项？

A: 甜点制作使用的材料非常多元化，所以准备材料十分重要。必须依照配方指示，将所有材料称好，然后按照步骤依序制作；用必备烘焙专用电子秤，将所需材料称好，接下来按照配方完成。

Q: 如果食材品类太多，应如何备料？

A: 有些产品所需的食材种类很多，所以在制作前必须将每种食材先分类，这样仔细称料时才不会手忙脚乱。

Q: 鸡蛋以重量为标准，还是以个数为标准？

A: 关于备料中的鸡蛋，有些配方的鸡蛋以个数为单位，有些配方则以克数为单位。但是每个鸡蛋的重量不同，若以个数为单位，在制作甜点时所呈现的成品就会有所不同，误差值也会很大，所以必须以重量为单位来制作。

关于材料处理

Q: 粉类为什么都需要事先过筛？

A: 粉类通常都要过筛，通常只有面包所使用的高筋面粉不用过筛。因为蛋糕讲究口感细腻，如果面粉材料质地太粗，就不能直接拿来使用，要使用过筛的粉类，例如低筋面粉、可可粉、抹茶粉等。过筛后的粉类材料会粉末化，而且更细致。

Q: 奶油需要放置在室温下软化吗？

A: 烘焙用的奶油通常都是冷冻保存，以防止酸败。刚从冰箱取出的时候是冰硬的，无法操作，需要在室温下放置一段时间，至软化后才能使用。奶油的最佳状态是固态，且质地柔软，这样的奶油在搅拌时，才能与其他材料充分混合，做出最好的甜点面糊。

Q: 吉利丁片泡水软化的关键是什么？

A: 在制作甜点慕斯时吉利丁片呈现片状。一片吉利丁片的重量是 2.5g，必须准备 5 倍的水量让其软化，也可以加入少许的冰块来降温，才不会使其融化。

Q: 控制巧克力加热融化时的温度的关键是什么？

A: 将巧克力放入钢盆中，隔水加热。水的温度控制在 60℃，一边加热融化巧克力，一边慢慢将其拌至质地光滑。巧克力融化的温度是 50℃，如果温度太高，会导致巧克力的质地焦化，并影响其凝固时的光泽和口感。

关于制作技巧

Q: 将面糊倒入杯子蛋糕中时，如何防止面糊溢出？

A: 将软性面糊倒入模具杯子时，很容易粘黏到杯子口，这样一来，烤出来的成品就不会那么完美。因此最万无一失的方法，就是将面糊放入挤花袋中，然后挤入干净的杯子中，这么做不会使残余的面糊粘黏在模具边缘，烤好的甜点也会精致美观。

Q: 制作鲜奶油蛋糕时，如何打发鲜奶油比较快？

A: 一般用于甜点制作的鲜奶油是植物性鲜奶油，必须冷藏保存。可取较大的盆，里面放满冰块，将装有鲜奶油的盆放在冰块上，以降低鲜奶油温度，从而快速打发鲜奶油。

Q: 如何使塔皮定型入模，烤后呈现完美的形状？

A: 塔皮的面团质地松软，而要用松软的塔皮制作出各种完美的形状，就必须将其放入不同的模具中定型，例如派皮模、布丁模、塔模等。入模时需注意将搅拌好的塔皮冷藏松弛，再覆盖到模具上，并切掉多余的面团，使其形状完整，然后放入重石烤焙，才能预防烤好的面团变形。

关于烘烤过程的注意事项

Q: 烤焙的过程中，需要注意哪些事项？

A: 蛋糕烤焙时的温度很重要，如果上下火控制不好，蛋糕烤出来就会太干或是没熟。所以要知道蛋糕是否烤好了的方法就是用手轻压蛋糕表面，如果蛋糕表面会回弹则表明可以做出好吃的蛋糕。塔壳则要看塔皮表面的颜色，要控制烤炉的温度，颜色不能太白，这样才会烤得均匀。

PART 🍷 1

&

巧克力类
Chocolates

Candied orange peel chocolate

正 蜜渍橘条巧克力

- 制作时间： 约 30 分钟
- 难易度： ★ ☆ ☆ ☆ ☆
- 制作数量： 25
- 最佳品尝期：3 天

蜜渍橘条巧克力做法

材料

苦甜巧克力 100g
糖渍橘条...................50g
开心果碎...................20g

黄澄澄又亮晶晶的柑橘条带有微酸的果香，融入浓郁诱人的巧克力后，带有酸与甜交错的层次口感，散发着幸福的滋味，犹如进入欧式的皇宫殿堂内品尝着价值不菲的梦幻甜点。利用假期与家人一起动手制作，简单又好吃，可让您享受视觉、味觉与嗅觉的三重盛宴。

1 将切碎的苦甜巧克力放入容器中，隔水加热，融化成液态（约 75℃）。

2 用镊子夹取糖渍橘条。

3 将糖渍橘条浸入融化的苦甜巧克力中，均匀裹上一层苦甜巧克力液。

4 将裹上苦甜巧克力的糖渍橘条放在铺好的烤盘纸上。

5 在苦甜巧克力液还未凝固时，撒上开心果碎进行装饰。

6 放入冰箱冷藏约半小时（待凝固定型），即成。

Strawberry chocolate
草莓巧克力

·制作时间：	约 30 分钟
·难易度：	★ ☆ ☆ ☆ ☆
·制作数量：	25
·最佳品尝期：	3 天

在盛产草莓的季节，悠闲漫步在街道中，若透过玻璃窗看着各种草莓装饰的甜点，吸睛的造型让人无法抗拒它的魅力。白巧克力与鲜红的草莓结合，酸甜的滋味会让人瞬间充满温馨的甜蜜感。带着孩子调皮一下，一起为它增添趣味表情吧！

材料

新鲜草莓...................200g
白巧克力...................300g
苦甜巧克力 50g

草莓巧克力做法

1 将白巧克力放入容器中，隔水加热，将其融化成液态。

2 将草莓斜切成两半，将带有蒂的那一半裹上一层白巧克力液，移入烤盘纸，放置冰箱内冷藏约半小时（待凝固）。

3 将隔水加热后已融化的苦甜巧克力分装至抛弃式挤花袋中。

4 并在抛弃式挤花袋下端的开口处剪开小洞。

5 取出制作好的草莓巧克力，利用做法 4 的挤花袋，发挥创意，在巧克力上画出眉毛、眼睛、嘴巴等各种趣味表情，即成。

Chicken style lemon lollipop

小鸡柠檬棒棒糖

- 制作时间： 约 60 分钟
- 难易度： ★★★☆☆
- 制作数量： 10
- 最佳品尝期：3 天

超级可爱的黄色小鸡，可以传达最诚挚的心意，适合当成礼物馈赠。将高级手工巧克力结合酸味柠檬，制作出香滑质感的甘纳许，在白巧克力中加入色彩和翻糖，然后捏塑出可爱的小鸡造型，俏皮的模样让人舍不得入口。

材料

柠檬奶馅

吉利丁片	2g
新鲜柠檬汁	50g
新鲜柠檬皮	5g
细砂糖	90g
全蛋	60g
奶油	90g

组合

白巧克力球壳	10 颗
柠檬奶馅	200g
白巧克力	300g
黄色天然色素	2g
苦甜巧克力	50g
翻糖（黄色、红色）	适量
塑料棒	10 支

柠檬奶馅做法

1 将吉利丁片剪半，放入容器中，加冷水浸泡 3～5 分钟，挤干水分。

2 将柠檬汁、柠檬皮、细砂糖放入容器，以中小火煮沸至融化，即成柠檬糖浆。

3 将沸腾的柠檬糖浆冲入全蛋中快速拌匀（可杀菌）。

4 以中火煮至浓稠后，用细目滤网过筛（过滤杂质）。

5 加入泡软的吉利丁片拌匀，以中火煮至融化（无颗粒状）。

6 接着隔冰水冷却至 30℃ ~ 35℃。

7 加入已在室温下软化的奶油，再用搅拌棒拌匀，即成"柠檬奶馅"。

组合

1 将制作完成且冷却好的"柠檬奶馅"装入抛弃式挤花袋。

2 用抛弃式挤花袋将"柠檬奶馅"灌入白巧克力球壳至九分满。

3 在"柠檬奶馅"中插入塑料棒后，移入冰箱冷冻约 20 分钟（待凝固定型）。

4 将切碎的白巧克力放入容器中，以中小火隔水加热，将其融化。

5 加入黄色天然色素拌匀，即成"黄色巧克力"。

6 取出棒棒糖状的柠檬巧克力，在其底部开口处向棒棒糖状的柠檬巧克力挤入白巧克力液，封口定型。

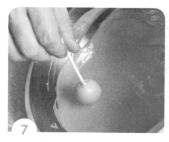

7　将白巧克力球壳均匀裹上一层黄色巧克力液，放置在烤盘上。

8　移入冰箱冷藏凝固后，取出棒棒糖柠檬巧克力。

9　将切碎的苦甜巧克力装入容器中，以隔水加热的方式将其融化。

10　将融化后的苦甜巧克力分装至抛弃式挤花袋，并在抛弃式挤花袋底部的开口处剪小洞。

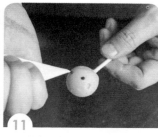

11　发挥创意，画出小鸡可爱的眼睛。

12　取黄色翻糖，用擀面棒擀平，塑成三角状，做成小鸡的翅膀，然后粘在适当的位置。

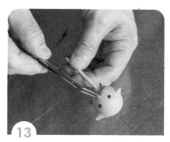

13　取红色翻糖，用擀面棒擀平，塑成三角状，做成小鸡的鼻子及脚，将其粘在适当的位置，即成。

tips

- 制作"柠檬奶馅"时，建议使用刨刀取柠檬绿色的表皮，不要取太厚，因为柠檬白色的内皮会产生苦味。
- 翻糖用纯糖制作，口感类似牛奶糖，是欧美流行的装饰材料之一。使用时可加入少许玉米粉，再用擀面棒来回擀平即会逐渐软化。还可用各种模型或刀片做出各式造型和图案。

Blossom earl style lollipop

花样伯爵棒棒糖

·制作时间：	约 60 分钟
·难易度：	★ ★ ★ ☆ ☆
·制作数量：	10
·最佳品尝期：	3 天

独特美丽的花朵造型，简直是最有创意的手作甜点。只要用基础做法再搭配糖花的变化，即可塑造出华丽的艺术装饰。尤其是内馅使用的巧克力和茶叶的组合，带有浪漫的法国风情，含在嘴里，让人倍感幸福。

材料

伯爵茶甘纳许

动物性鲜奶油.....................130g
伯爵茶叶...........................7g
葡萄糖浆..........................8ml
苦甜巧克力 130g
牛奶巧克力 70g
可可脂 5g
奶油................................10g

组合

白巧克力球壳.................10 颗
伯爵茶甘纳许................ 300g
白巧克力....................... 300g
各色翻糖.........................适量
塑料棒 ....10 支

伯爵茶甘纳许做法

1 将动物性鲜奶油、伯爵茶叶、葡萄糖浆放入煮锅中，以中小火煮至沸腾。

2 用细目滤网滤取茶汁。

3 趁温热（约60℃）冲入切碎的苦甜巧克力、牛奶巧克力、可可脂后拌匀。

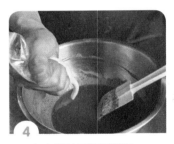

4 加入奶油后将其拌匀。

5 以隔冰水方式对其降温。

6 继续将其搅拌至浓稠状，即成"伯爵茶甘纳许"。

● 制作"伯爵茶甘纳许"时，在步骤1放入伯爵茶叶加热时，建议将锅盖盖上焖煮，可以保留伯爵茶叶的香气。

组合

1 将制作好的"伯爵茶甘纳许"装入抛弃式挤花袋，灌入白巧克力球壳中至九分满。

2 在"伯爵茶甘纳许"中插入塑料棒，移入冰箱中冷冻约20分钟（待凝固定型），取出，在其底部开口处以巧克力液封口定型。

3 将切碎的白巧克力放入容器，以中小火隔水加热，将其融化。

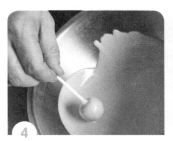

4 将白巧克力球壳均匀裹上一层白巧克力液，放在烤盘上，将其移入冰箱冷藏约20分钟（至凝固）。

5 使用擀面棒将各色翻糖擀至厚度一致。

6 利用花型压模器，压出各种颜色的小花朵。

7 取各色翻糖搓成小球，粘在小花朵中央，装饰成花蕊。

8 将伯爵茶巧克力棒棒糖取出，粘上翻糖小花装饰，即成。

tips

• 巧克力球的内馅大部分采用将甘纳许或奶馅灌进球壳中，做底部封口的方法，才能避免内馅外漏。

Hazelnut lollipop with the candy Winnie
小熊榛果棒棒糖

·制作时间：	约 90 分钟
·难易度：	★ ★ ★ ☆ ☆
·制作数量：	10
·最佳品尝期：	3 天

　　榛果是欧洲国家常用于各式糕点中一种昂贵的坚果。小熊榛果棒棒糖结合不同的巧克力和海盐，却不抢榛果巧克力的独特风采。它发挥翻糖技巧，又有超酷又可爱的小熊五官，不论大人或小孩咬上一口，都会深深爱上它。

材料

海盐榛果甘纳许

动物性鲜奶油	62g
牛奶巧克力	175g
海盐	5g
榛果酱	10g
奶油	20g

组合

白巧克力球壳	10 颗
海盐榛果甘纳许	270g
白巧克力	150g
黑巧克力	150g
翻糖（白、红、黑）	各适量

海盐榛果甘纳许做法

1 将动物性鲜奶油放入煮锅中，以中小火煮滚。

2 趁温热（约60℃）冲入切碎的牛奶巧克力、海盐，搅拌均匀。

3 放入榛果酱拌匀。

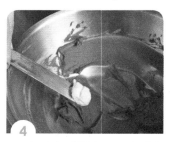

4 加入奶油拌匀，即成"海盐榛果甘纳许"。

 tips

冷&热温度计的差异

- 一般温度计：适用于在制作蛋糕和面包产品时测量温度，冷热皆可使用。
- 温度枪：主要用于测量产品表面温度，大多在制作巧克力时使用，可准确测量巧克力的温度。

 tips

翻糖化学染和天然染的差异

使用化学染剂染出来的颜色会非常鲜艳，而使用天然色素染出来的颜色比较柔和；建议使用天然色素，价格稍贵，但食用更安全。

044

组合

1 将制作好的"海盐榛果甘纳许"灌入白巧克力球壳中至九分满。

2 插入塑料棒，移入冰箱内冷藏约 20 分钟（待凝固定型）后取出，在其底部开口处以巧克力液封口定型。

3 将黑、白巧克力放入容器中，以中小火隔水加热的方式将其融化。

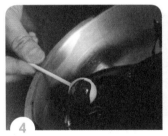

4 将海盐榛果巧克力棒棒糖均匀地披覆上融化的巧克力液，再放置于烤盘上，随后移入冰箱冷藏约 20 分钟（至巧克力凝固）。

5 取各色翻糖搓成小球状，用以制作小熊五官。

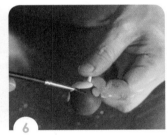

6 将白色及红色翻糖揉成扁圆状，粘在合适的位置，做成小熊的嘴巴及脸颊。

7 取白色及黑色翻糖揉成扁圆状，粘在合适的位置，做成小熊的眼睛及耳朵。

8 取各色翻糖，发挥创意，粘出小熊逗趣的五官造型，即成。

PART 2

&

塔类
Tarts

French chocolate tart
法式巧克力塔

·制作时间：	约 60 分钟
·难易度：	★ ★ ★ ★ ☆
·制作数量：	15
·最佳品尝期：3 天	

这是巧克力爱好者最无法抗拒的甜点之一。点缀金箔散发出如宝石般耀眼的光芒，具有层次的口感完整展现高品位的享受，带给味蕾犹如沉浸在恋爱中的滋味。找个时间与亲友一起动手做，美好时光自然不能少了它的相伴，它散发出的香醇浓郁的气息让人难以忘怀。

材料

A 巧克力塔皮

奶油	100g
精盐	1g
纯可可粉	35g
糖粉	75g
全蛋	35g
低筋面粉	140g

B 巧克力甘纳许

动物性鲜奶油	125g
葡萄糖浆	25ml
苦甜巧克力	137g
牛奶巧克力	25g

A+B 组合

巧克力塔皮
巧克力甘纳许
巧克力酱
金箔

A 巧克力塔皮做法

1 将奶油、精盐、纯可可粉、糖粉放入容器中搅拌均匀。

2 加入全蛋拌匀。

3 加入低筋面粉拌匀。

4 用擀面棒将巧克力塔皮擀平至厚度一致（0.3～0.5cm）。

5 使用圆形压模压出圆片状，然后移入冰箱冷藏到不黏手的程度（冷藏约半小时）为止。

6 将巧克力塔皮取出，捏至厚薄适中，铺放于中小型塔模中。

7 用刮刀将塔框边缘多余的塔皮修平。

8 放入油力士纸、耐热小型重石以压住塔皮（防止塔皮在烤的过程中膨胀变形）。

9 需在烤焙30分钟前预热烤箱（温度：上火150℃／下火150℃），将巧克力塔皮放入烤箱烘烤20分钟，烤焙完成后放凉，备用。

B 巧克力甘纳许做法

1 将动物性鲜奶油、葡萄糖浆煮滚。

2 将其冲入苦甜巧克力、牛奶巧克力中拌匀。

3 用搅拌棒充分搅打均匀，呈液态。

A+B 组合

1 将完成的"巧克力甘纳许"装入抛弃式挤花袋。

2 将"巧克力甘纳许"均匀挤入烤好的巧克力塔皮中，再将其轻轻敲平，放至冰箱冷藏约半小时。

3 待"巧克力甘纳许"凝固后，淋上巧克力酱，随后摆放金箔或其他装饰，即成。

tips

- 油力士纸杯具有防油、耐高温、不褪色、有挺度的特点，是可重复使用的包装材料，也能吸附多余的油脂，同时隔绝重石，使塔皮不会膨胀。
- 烘焙重石的常见材质有陶制、铝合金等，通常在烘焙材料店有售。但其价格略高，建议初学者使用可食用的红豆，其耐热温度高、价格便宜，不仅能重复使用，也能避免塔皮膨胀变形。

Colorful rice chips tart

彩虹米果脆片塔

- **制作时间：** 约 60 分钟
- **难易度：** ★ ★ ☆ ☆ ☆
- **制作数量：** 15
- **最佳品尝期：** 3 天

结合香浓的巧克力甘纳许，再挤上不腻口的奶油霜，搭配超人气的巧克力脆球，在嘴里犹如闪耀着星光般的火花，每一口都能碰撞出松脆又奔放的巧妙口感，适合当作下午茶点心！

材料

A 巧克力塔皮

奶油	100g
精盐	1g
纯可可粉	35g
糖粉	75g
全蛋	35g
低筋面粉	140g

B 巧克力碎片

苦甜巧克力	50g
可可脂	25g
可可脆片	150g

C 巧克力甘纳许

动物性鲜奶油	125g
葡萄糖浆	25ml
苦甜巧克力	137g
牛奶巧克力	25g

A+B+C 组合

巧克力塔皮
巧克力碎片
巧克力甘纳许
彩色米果 200g
奶油霜适量

A 巧克力塔皮做法

1 将奶油、精盐、纯可可粉、糖粉放入容器中搅拌均匀。

2 加入全蛋拌匀。

3 加入低筋面粉拌匀。

4 用擀面棒将巧克力塔皮擀平至厚度一致（0.3 ~ 0.5cm）。

5 使用圆形压模压出圆片状，然后移入冰箱冷藏到不黏手的程度（冷藏约半小时）为止。

6 将巧克力塔皮取出，捏至厚薄适中，铺放在塔模里面。

7 用刮刀将塔框边缘多余的塔皮修平。

8 放入油力士纸、耐热小型重石以压住塔皮（防止塔皮在烤的过程中膨胀变形）。

9 需在烤焙 30 分钟前预热烤箱（温度：上火 150℃ / 下火 150℃），将巧克力塔皮放入烤箱烘烤 20 分钟，烤焙完成后放凉，备用。

B 巧克力碎片做法

1 将切碎的苦甜巧克力、可可脂倒入钢盆中，以中小火隔水加热的方式将其融化。

2 放入可可脆片，备用。

3 拌匀即可。

C 巧克力甘纳许做法

1 将动物性鲜奶油、葡萄糖浆放入煮锅中煮滚。

2 冲入苦甜巧克力、牛奶巧克力中拌匀。

3 用搅拌棒将其充分搅打均匀至液态。

A+B+C 组合

1 将完成的"巧克力甘纳许"装入抛弃式挤花袋。

2 将巧克力碎片均匀放置在塔皮内，挤入"巧克力甘纳许"，再轻轻敲平后放至冰箱冷藏约半小时。

3 待"巧克力甘纳许"凝固，可摆放彩色米果和奶油霜装饰，即成。

彩虹米果脆片塔

Michael Wazowski matcha tart

大眼怪抹茶塔

·制作时间： 约 120 分钟

·难易度： ★★★★☆

·制作数量： 15

·最佳品尝期：3 天

　　小朋友大多不太喜欢抹茶口味，但是如果将配方稍加改动，就可以让抹茶具有的独特风味发挥得淋漓尽致。再搭配巧克力，组合做出可爱的抹茶大眼怪，小朋友即使不喜欢抹茶的味道，也会立即放下成见，咬上一大口。

材料

A 原味塔皮

奶油.........................100g
精盐.............................1g
糖粉...........................75g
全蛋...........................35g
低筋面粉....................175g

B 大眼怪蛋糕体

奶油.........................180g
细砂糖.......................155g
转化糖浆.....................30ml
全蛋......................... 200g
低筋面粉....................180g
泡打粉...........................6g
动物性鲜奶油.................20g

C 抹茶甘纳许

动物性鲜奶油................100g
葡萄糖浆......................20ml

白巧克力......................200g
抹茶粉............................4g

D 抹茶白巧克力酱

抹茶粉............................3g
白巧克力......................70g
可可脂...........................20g

A+B+C+D 组合

原味塔皮
抹茶甘纳许
大眼怪蛋糕体
白巧克力
苦甜巧克力
黑巧克力

A 原味塔皮做法

1 将奶油、精盐、糖粉拌匀。

2 加入全蛋拌匀。

3 加入低筋面粉拌匀。

4 用擀面棒将原味塔皮压平（厚度 0.3 ~ 0.5cm）。

5 使用压模压出圆形片状。

6 将原味塔皮取出，捏至厚薄适中，再平铺放入塔模中。

7 将原味塔皮捏成圆形塔框状，再用抹刀将塔框边缘多余的塔皮修平。

8 放入油力士纸、耐热小型重石，压住塔皮（防止塔皮在烤的过程中膨胀变形）。

9 需在烤焙 30 分钟前预热烤箱（温度：上火 150℃ / 下火 150℃），将原味塔皮烘烤 20 分钟后，放凉，备用。

B 大眼怪蛋糕体做法

1 将奶油、细砂糖、转化糖浆放入钢盆，搅拌至无颗粒。

2 将全蛋分次加入并拌匀。

3 加入低筋面粉、泡打粉后拌匀。

4 放入动物性鲜奶油拌匀。

5 将其装入抛弃式挤花袋中。

6 平均挤入硅胶烤模，至八分满即可。

7 放入烤箱，以上火190℃／下火180℃，先烘烤10分钟。

8 将烤盘前后掉头，温度改为上火160℃／下火180℃，继续烤焙10分钟。

9 蛋糕出炉后，将其倒扣至烤盘，正面放凉即可。

C 抹茶甘纳许做法

1. 将动物性鲜奶油、葡萄糖浆放入煮锅，混合拌匀，以中小火煮沸。

2. 立即冲入白巧克力中，使白巧克力融化。

3. 分次加入抹茶粉，搅拌均匀，即成"抹茶甘纳许"。

D 抹茶白巧克力酱做法

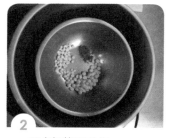

1. 将抹茶粉、白巧克力、可可脂放入容器中。

2. 隔水加热至融化。

3. 取出蛋糕体，粘上抹茶巧克力酱。

- 制作大眼怪蛋糕体时，奶油需要打至微发（奶油稍微泛白），这样烤出来的蛋糕才会蓬松好吃。
- 抹茶粉在使用前，可以先用细目过滤网过筛，这样在制作的过程中才不会造成结粒，影响成品的口感。

A+B+C+D 组合

1 将制作好的"抹茶甘纳许"装入抛弃式挤花袋后，均匀挤入原味塔皮中。

2 轻轻敲平（使其表面光滑平整）。

3 将表层粘好抹茶白巧克力酱的蛋糕体放在塔上。

4 将融化的白巧克力抹平，用圆形压模压出圆片状。

5 取苦甜巧克力，点上白巧克力，形成"大眼怪"的眼睛。

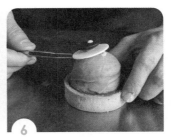

6 将做好的眼睛造型的巧克力片放在大眼怪蛋糕体表面。

7 用融化的黑巧克力在大眼怪蛋糕体上画上嘴巴，即成。

✏ tipS

非调温和调温巧克力的差异

● 非调温巧克力：把巧克力直接隔水融化就可使用，不需要隔冰水，它自然会凝固，简单又好操作，适合初学者使用。

● 调温巧克力：操作上较为困难。先把巧克力溶开，加热到 42℃ ~ 45℃，再用冰水将其降温到 25℃，后加热到 31℃，但需注意温差不能超过 5℃，否则成品容易失败。

Chicken style lemon tart

小鸡柠檬塔

·制作时间：	约 90 分钟
·难易度：	★ ★ ☆ ☆ ☆
·制作数量：	15
·最佳品尝期：	3 天

材料

A 原味塔皮

奶油	100g
精盐	1g
糖粉	75g
全蛋	35g
低筋面粉	175g

B 柠檬奶馅

吉利丁片	3.5g
柠檬汁	96ml
柠檬皮	9g
细砂糖	180g
全蛋	120g
奶油	180g

A+B 组合

烤好的原味塔皮
柠檬奶馅　520g
奶油霜　50g（做法详见第 113 页）
白巧克力　250g
黄色天然色素　适量
巧克力液（黑、黄、红）适量

　　黄澄澄的法式柠檬塔是法国经典甜点系列中不可或缺的元素，也是推荐给新手的入门甜点。利用假期与全家人一起动手完成，并且利用融化的巧克力压出有趣的造型，好玩又能与家人共享快乐的时光。

A 原味塔皮做法

1　将奶油、精盐、糖粉拌匀。

2　加入全蛋拌匀后，再加入低筋面粉，拌匀。

3　用擀面棒将原味塔皮压平（厚度 0.3 ~ 0.5cm）。

4　使用压模压出圆片状，然后移入冰箱冷藏约 1 小时（至不黏手的程度为止）。

5 取出原味塔皮，捏至厚薄适中，均匀铺放入塔模中；再用抹刀将塔框边缘多余的塔皮修平。

6 随后放入油力士纸、耐热小型重石，压住塔皮（防止塔皮在烤的过程中膨胀变形）。

7 需在烤焙30分钟前预热烤箱（温度：上火150℃／下火150℃），将原味塔皮烘烤20分钟后，放凉，备用。

B 柠檬奶馅做法

1 将吉利丁片对折后剪成一半，放入容器中，加冷水浸泡3～5分钟（水量需盖过吉利丁片），然后捞出并挤干水分。

2 将柠檬汁、柠檬皮、细砂糖放入容器中，以中小火煮沸至融化，即成"柠檬糖浆"。

3 将沸腾的"柠檬糖浆"冲入全蛋中快速拌匀（可杀菌）。

4 以中火将柠檬糖浆蛋液煮至浓稠状，接着以细目滤网过筛，将杂质过滤出。

5 加入泡软的吉利丁片拌匀，以中火煮至融化（无颗粒状）。

6 隔冰水冷却至60℃。

7 加入已在室温下软化的奶油后拌匀（或以60℃的温度融化）。

8 使用打蛋器拌匀，即成"柠檬奶馅"。

A+B 组合

1 将"柠檬奶馅"放入抛弃式挤花袋，再挤入原味塔皮中，轻轻敲平（使表面光滑平整），随后挤入奶油霜。

2 取已融化的白巧克力，加入黄色天然色素调和，倒在塑料片上。约10分钟后，用圆形压模压出圆片。

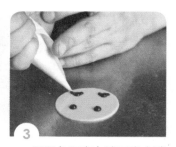

3 用黑色巧克力液画出小鸡的眼睛及脚。

4 用黄色巧克力液画出小鸡的嘴巴及翅膀。

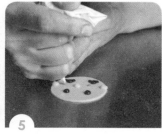

5 用红色巧克力液，画出小鸡的"腮红"。

6 将做好小鸡图案造型的巧克力片放在塔皮表面上，即成。

Rabbit style cheese tart
兔形奶酪塔

- 制作时间： 约 90 分钟
- 难易度： ★ ★ ★ ☆ ☆
- 制作数量： 15
- 最佳品尝期：3 天

将由白巧克力和奶酪搭配出独特风味的甘纳许放入酥脆的塔皮中。如果你是奶酪狂热爱好者，可能会忍不住将它立即塞入肚子里。但是别急哦！我们要先压出兔兔巧克力，再给它挤上五官。你一定会惊叹："哇，可爱极了！"

材料

A 原味塔皮

奶油	100g
精盐	1g
糖粉	75g
全蛋	35g
低筋面粉	175g

B 奶酪甘纳许

动物性鲜奶油	125g
白巧克力	275g
奶油奶酪	125g

A+B 组合

原味奶油霜（做法详见第 113 页）
烤好的原味塔皮
奶酪甘纳许
白巧克力
粉红色巧克力液
黑色巧克力液

A 原味塔皮做法

① 将奶油、精盐、糖粉拌匀。

② 加入全蛋拌匀后，再将低筋面粉加入其中拌匀。

③ 用擀面棒将原味塔皮压平（厚度 0.3 ~ 0.5cm）。

④ 使用压模将原味塔皮压出圆形片，随后移入冰箱冷藏约 1 小时（至不黏手、好操作的程度即可）。

5 将原味塔皮取出，用双手将塔皮捏出相同的厚度，再用抹刀将塔框边缘多余的塔皮修平。

6 放入油力士纸、耐热小型重石压住塔皮（防止塔皮在烤的过程中膨胀变形）。

7 需在烤焙 30 分钟前预热烤箱（温度：上火 150℃／下火 150℃），将原味塔皮烘烤 20 分钟后放凉，备用。

B 奶酪甘纳许做法

1 将动物性鲜奶油放入煮锅，以中小火煮至沸腾。

2 随后冲入切碎的白巧克力中，将白巧克力融化。

3 加入在室温下软化的奶油奶酪后拌匀。

4 使用食物调理搅拌棒将其搅拌均匀（呈现细致无颗粒状）后，即成"奶酪甘纳许"。

tips

● 奶油奶酪从冰箱冷藏室取出后，应放置于室温下，待退冰之后再使用，以免造成结块现象。

● 将已融化的白巧克力液倒在塑料片上面，会不易粘黏（容易取造型片）。此外，使用造型模具前，必须用喷火枪加热，才会让巧克力造型片不容易碎裂。

A+B 组合

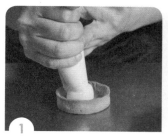

1 将制作好的"奶酪甘纳许"装入抛弃式挤花袋后，挤入原味塔皮中。

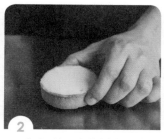

2 轻轻敲平（使其表面光滑平整）。

3 将奶油霜挤成花形。

4 将已融化的白巧克力液倒在塑料片上面，约 10 分钟后，用兔形压模压出造型片。

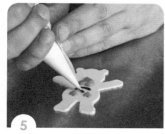

5 用粉红色巧克力液画出兔子眼睛及身体。用黑色巧克力液画出它的嘴巴造型。

6 将做好兔子图案造型的巧克力片放在塔皮表面上，即成。

 tipS

奶酪的应用

- 在烘焙过程中，很多产品都会添加奶酪原料。奶酪其实是浓缩的牛奶，每 1 千克奶酪采用 10 千克牛奶制成，营养价值非常高。

如何打发奶油霜

- 打发奶油霜的制作过程非常简单。在液体鲜奶油中添加少许糖粉，再用搅拌机高速搅拌，将奶油打至色泽泛白，形状浓稠不滴落即成，其口感浓郁顺滑。

PART 🏆 3

&

奶酪布丁类
Cheese puddings

Rich vanilla cheese

浓郁香草奶酪

- 制作时间： 约 30 分钟
- 难易度： ★ ☆ ☆ ☆ ☆
- 制作数量： 12
- 最佳品尝期：3 天

材料

吉利丁片............................9g
香草籽粉............................3g
纯净水.........................100ml
细砂糖.............................60g
鲜奶...........................450ml
动物性鲜奶油..................150g

喜欢布丁口感的人，也可尝试一下奶酪。你会发现，原来奶酪的制作非常简单有趣，只要加入牛奶、吉利丁片等材料，甚至完全不需要技巧，就可以做出香浓柔滑的奶酪。吃过之后，才能心领神会这份美好的幸福！

浓郁香草奶酪做法

1 将吉利丁片对半剪开后，放入容器中。

2 冷水浸泡 3 ~ 5 分钟（水量盖过吉利丁片）。

3 将吉利丁片捞出，挤干其多余的水分。

4 将纯净水、细砂糖、鲜奶放入锅中，以中小火煮至细砂糖溶解（不沸腾），随后放入香草籽粉拌匀。

5 趁热加入泡软的吉利丁片，将其搅拌至溶解，而后放入动物性鲜奶油降温。

6 倒入容器中，移至冰箱冷藏凝固，即成。

Midsummer mango cheese
盛夏芒果奶酪

·制作时间：	约 60 分钟
·难易度：	★ ★ ☆ ☆ ☆
·制作数量：	15
·最佳品尝期：	3 天

为了满足每一位家庭成员的需求，奶酪已成为每个妈妈的拿手绝活。将芒果制成简单又香浓的果酱，倒入杯中，牛奶的香气加上芒果酸甜的口感，更能深入人心！

材料

A 芒果果酱

吉利丁片	4g
冷冻芒果果泥	200g
新鲜芒果丁	120g
细砂糖	54g
芒果香甜酒	10ml

B 香草奶酪

吉利丁片	9g
香草籽粉	3g
纯净水	100ml
细砂糖	60g
鲜奶	450ml
动物性鲜奶油	150g

A+B 组合

芒果果酱
香草奶酪

A 芒果果酱做法

1 将吉利丁片对半剪开，放入容器中。

2 以冷水浸泡3～5分钟（水量需盖过吉利丁片）。

3 将吉利丁片捞出，挤干多余的水分后备用。

4 将冷冻芒果果泥、新鲜芒果丁、细砂糖放入煮锅，以中小火将细砂糖煮至溶解。

5 趁热加入泡软的吉利丁片，拌匀至溶解。

6 加入芒果香甜酒拌匀，即成。

tipS

- 制作芒果果酱时加入芒果香甜酒，可以提升芒果的水果香气；与奶酪搭配则可提升口感，让成品更香浓、更美味。
- 香草奶酪在煮热的过程中，只需要加热至温热，不能煮沸，因为温度过热会无法发挥吉利丁片的作用，导致奶酪无法凝固。
- 在制作芒果果酱时，加热的温度不能太高，只需要达到把细砂糖溶解的温度即可，这样才不会延长冷却的时间。

B 香草奶酪做法

① 将吉利丁片对半剪开后，放入容器中。

② 以冷水浸泡3～5分钟（水量需盖过吉利丁片）。

③ 将吉利丁片捞出，挤干多余的水分后放在一旁备用。

④ 取一个煮锅，加入纯净水、细砂糖、鲜奶，以中小火煮至细砂糖溶解（不沸腾），随后放入香草籽粉。

⑤ 趁热加入泡软的吉利丁片，拌匀至溶解，再加入动物性鲜奶油降温。

A+B 组合

① 将芒果果酱倒入容器约1/4处，随后移入冰箱冷藏约半小时。

② 在冷藏的芒果果酱上倒入香草奶酪，移入冰箱冷藏约半小时，即成。

Colorful raspberry cheese
缤纷覆盆子奶酪

·制作时间：	约 60 分钟
·难易度：	★ ★ ☆ ☆ ☆
·制作数量：	15
·最佳品尝期：	3 天

进入知名大饭店用餐时，在甜点陈列区总会有让人眼睛为之一亮的杯点。只要掌握奶酪制作的技巧，再搭配不同的季节性水果，即可完成好吃的甜点。在家就可以享受便宜又好吃的水果奶酪，尤其是在夏季，冰凉的奶酪更是令人垂涎三尺。

材料

A 草莓覆盆子果酱

纯净水 25ml
冷冻覆盆子草莓果泥 50g
新鲜草莓丁 50g
新鲜覆盆子 50g
细砂糖 120g
苹果果胶粉 1g

B 香草奶酪材料

吉利丁片 9g
香草籽粉 5g
纯净水 100ml
细砂糖 60g
鲜奶 450ml
动物性鲜奶油 150g

A+B 组合

草莓覆盆子果酱
香草奶酪

A 草莓覆盆子果酱做法

1　将纯净水、冷冻覆盆子草莓果泥、新鲜草莓丁、新鲜覆盆子放入煮锅，以中小火煮至果泥溶解。

2　加入已混合的细砂糖、苹果果胶粉后继续拌匀。

3　以中小火煮至沸腾浓稠，即成"草莓覆盆子果酱"。

B 香草奶酪做法

1　将吉利丁片对半剪开后，放入容器中。

2　以冷水浸泡吉利丁片（水量需盖过吉利丁片），浸泡 3 ~ 5 分钟。

3　将吉利丁片捞出，挤干多余的水分，备用。

香草精和香草籽粉的差异

- 香草精是浓缩的液态材料，味道浓厚；而香草籽粉取自香草荚中的香草籽，已经过干燥处理，属于天然食材，可以安心食用。

4 取一煮锅，加入纯净水、细砂糖、鲜奶，以中小火煮至细砂糖溶解（不沸腾），随后放入香草籽粉。

5 趁热加入泡软的吉利丁片，搅拌均匀，至其溶解，随后加入动物性鲜奶油降温。

A+B 组合

1 将香草奶酪倒入容器中，移入冰箱冷藏约半小时。

2 取出已凝固的香草奶酪，将草莓覆盆子果酱淋在其表面，即成。

tipS

- 使用苹果果胶粉时必须先与砂糖进行混合，这样才不会在加热的过程中产生结块现象。
- 草莓覆盆子果酱在加热的过程中，火候不要过大；并且在加热时要随时观察果酱的浓稠度，不需要完全收干汁，只要其浓稠度适中，可以淋在奶酪上即可。

Caramel pudding
焦糖布丁

·制作时间：	约 60 分钟
·难易度：	★ ★ ☆ ☆ ☆
·制作数量：	20
·最佳品尝期：	3 天

材料

A 焦糖

纯净水 100ml
细砂糖 100g

B 布丁

鲜奶.............................210ml
动物性鲜奶油.................320g
马斯卡邦芝士...................65g
细砂糖 35g
本合糖 35g
全蛋.................................1 个
蛋黄.................................5 个

A 焦糖做法

1 将纯净水与细砂糖放入煮锅，以中小火煮至焦化（避免搅拌焦糖）。

2 趁热将焦糖倒入烘焙用的硅胶垫上，待其冷却凝固后，放入布丁杯底部。

B 布丁做法

1 将全部材料放入煮锅，以中小火煮至细砂糖溶解。

2 以细目滤网过筛，以过滤液体中的杂质。

3 将过滤后的液体倒入布丁杯中。

4 以上火150 ℃ / 下火150℃的温度预热烤箱约 15分钟，随后隔水烤焙 30 ～40 分钟，即成。

Fruit pudding

水果布丁

·制作时间：	约 60 分钟
·难易度：	★ ★ ☆ ☆ ☆
·制作数量：	20
·最佳品尝期：	3 天

材料

鲜奶	210ml
动物性鲜奶油	320g
马斯卡邦芝士	65g
本合糖	70g
全蛋	1 个
蛋黄	5 个
时令水果	适量

进入冬季，天气开始变凉，可以带着孩子一起到超市选择自己喜爱的水果制作成布丁。用香气十足的本合糖搭配马斯卡邦芝士烘烤出的布丁，绝妙好滋味让你一次获得满足！

水果布丁做法

1 将鲜奶、动物性鲜奶油、马斯卡邦芝士、本合糖放入煮锅，以中小火煮至均匀溶解状态。

2 趁热将其冲入全蛋、蛋黄中，快速拌匀。

3 用细目滤网过筛，过滤液体中的杂质。

4 倒入布丁杯中。

5 以上火 150℃ / 下火 150℃的温度预热烤箱约 15 分钟，隔水烤焙 30 ~ 40 分钟，取出，搭配时令水果装饰，即成。

PART 4

饼干类
Biscuits

Manual vanilla cookie

香草手工饼干

·制作时间：	约 50 分钟
·难易度：	★ ☆ ☆ ☆ ☆
·制作数量：	35
·最佳品尝期：	7 天

只要将简单的材料拌匀，放入烤箱烘烤，即可制作手工饼干。饼干的色泽与奶油香气十分迷人。你也可发挥创意，利用模型变化出饼干的各种形状。利用假期带着孩子一起制作，会成为全家美好的下午茶时光哦！

材料

奶油............................120g
细砂糖.........................120g
精盐..............................1g
全蛋..............................1 个
香草精............................2g
低筋面粉.......................250g
蛋黄液 ....适量

香草手工饼干做法

1 将奶油、细砂糖、精盐放入容器中搅拌均匀。

2 加入全蛋、香草精，将其搅拌均匀。

3 加入过筛后的低筋面粉拌匀，完成后放入冰箱，冷藏约半小时。

4 使用擀面棒将饼干面团擀平至厚度一致（0.5～1cm）。

使用圆形压模在饼干面团上压出圆形片状后，将其置于烤盘上。

在饼干表面涂上一层蛋黄液。

用叉子在饼干表面轻轻画出纹路。

以上火 180℃ / 下火 160℃的温度预热烤箱 15 分钟。

将饼干放入烤箱烤焙 25 ～ 30 分钟，即成。

 tips

● 制作饼干的重点在于原料的使用与调配。可以挑选法国总统牌发酵奶油，其原料采用牛奶及鲜奶油制成，不含反式脂肪，含有浓郁的乳香味，制作饼干时可提升成品味道的层次。

● 饼干表面使用的蛋黄液可以涂上两次，用以增加饼干的颜色和纹路，让成品具有更加晶莹的光泽。

Frosting rabbit style cookie

兔兔糖霜饼干

·制作时间：	约 70 分钟
·难易度：	★★☆☆☆
·制作数量：	30
·最佳品尝期：	7 天

利用饼干制作的基本食材搭配耐烤焙的巧克力，再使用小兔子造型压模压出吸睛的造型；在烤焙出炉后放凉的饼干上，用蛋白柠檬糖霜涂抹上亮丽的色彩，然后画出兔子可爱的五官，外形丰富的兔形糖霜饼干让大人、小孩都爱不释手。

材料

A 香草饼干

奶油..............................120g
细砂糖..........................120g
精盐................................1g
全蛋..............................1 个
低筋面粉.......................250g
香草精............................2g
水滴形巧克力豆..............50g

B 柠檬糖霜

糖粉..............................460g
新鲜柠檬汁....................10g
蛋白..............................90g
天然色素（黄、红、黑）..适量

A+B 组合

香草饼干
柠檬糖霜
黄色翻糖小花

A 香草饼干做法

1 将奶油、细砂糖、精盐放入容器中搅拌均匀。

2 加入全蛋、香草精，将其搅拌均匀。

3 加入过筛后的低筋面粉、水滴形巧克力豆拌匀，移入冰箱冷藏约半小时。

4 使用擀面棒将饼干面团擀平至厚度一致（0.5～1cm）。

5 使用造型压模压出兔子的造型，然后将其置于烤盘上。

6 以上火180℃／下火160℃的温度预热烤箱15分钟，烤焙25～30分钟后待其冷却。

B 柠檬糖霜做法

1 将糖粉、蛋白放入钢盆后，加入柠檬汁。

2 使用搅拌器打发，即成"柠檬糖霜"，装入抛弃式挤花袋中，在其下端开口处剪开小洞，备用。

3 取"柠檬糖霜"，加入黄色天然色素拌匀，装入抛弃式挤花袋中，在其下端开口处剪开小洞，备用。

④ 取"柠檬糖霜",加入红色天然色素拌匀,装入抛弃式挤花袋中,在其下端开口处剪开小洞,备用。

⑤ 取"柠檬糖霜",加入黑色天然色素拌匀,装入抛弃式挤花袋中,在其下端开口处剪开小洞,备用。

A+B 组合

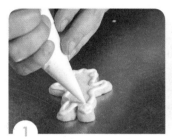

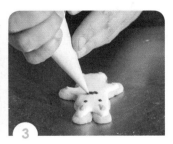

① 将"柠檬糖霜"均匀地挤在兔形饼干表面,随后轻轻在桌面上将其敲平。

② 取粉红色柠檬糖霜,发挥创意,画出兔子的耳朵和脚。

③ 取黑色柠檬糖霜,发挥创意,画出兔子的眼睛及领结。

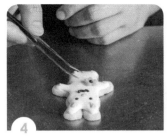

④ 用黄色柠檬糖霜画出兔子的鼻子。放上黄色翻糖小花点缀造型,即成。

- 水滴形巧克力豆需要使用耐烤型的巧克力豆,其易操作,且成品口感绝佳。建议开封后放置于阴凉处,且半年内要使用完毕。
- 使用糖霜的液体不能过于浓稠,饼干的表面才会平滑。建议先在饼干外围挤一圈后,再把中间的图案填满。待其表层完全干燥后,再制作饼干表面的眼睛与鼻子等造型。

Frosting hazelnut cookie with
the candy Winnie

小熊核桃糖霜饼干

· 制作时间：	约 70 分钟
· 难易度：	★ ★ ☆ ☆ ☆
· 制作数量：	30
· 最佳品尝期：	7 天

糖霜和饼干就像画笔与画纸，每个人都可以发挥创意，制作出各种令人惊喜的图案。只要调配出亮丽的色彩，即可轻松进入糖霜饼干的彩绘世界，勾勒出动物、花草或人物的梦幻造型，不仅好看，还很好吃。

材料

A 核桃巧克力饼干

奶油	122g
细砂糖	70g
精盐	2g
全蛋	1 个
枫糖浆	12ml
低筋面粉	190g
耐烤焙巧克力豆	135g
核桃碎	200g

B 柠檬糖霜

糖粉	460g
新鲜柠檬汁	10ml
蛋白	90g
天然色素（黄、咖啡色）	适量
深黑纯可可粉	适量

A+B 组合

核桃巧克力饼干
柠檬糖霜

A 核桃巧克力饼干做法

1 将奶油、细砂糖、精盐放入容器中拌匀后，再加入全蛋及枫糖浆一同搅拌均匀。

2 加入过筛后的低筋面粉并拌匀。

3 加入耐烤焙巧克力豆及核桃碎，搅拌均匀，放入冰箱冷藏约半小时。

4 使用擀面棒将饼干面团擀平至厚度一致（0.5～1cm）。

5 使用小熊造型压模压出小熊造型，将成品放置于烤盘内。

6 以上火180℃／下火160℃的温度预热烤箱15分钟，烤焙25～30分钟，待其冷却。

B 柠檬糖霜做法

1 将糖粉、蛋白放入钢盆中后加入柠檬汁。

2 使用搅拌器打发，即成"柠檬糖霜"。将其装入抛弃式挤花袋中，在挤花袋下端的开口处剪开小洞，备用。

3 取适量"柠檬糖霜"，加入黄色天然色素拌匀，将其装入抛弃式挤花袋中，在挤花袋下端的开口处剪开小洞，备用。

4 取适量"柠檬糖霜",加入咖啡色天然色素拌匀,装入抛弃式挤花袋中,在其下端的开口处剪开小洞,备用。

5 取适量"柠檬糖霜",加入深黑纯可可粉拌匀,装入抛弃式挤花袋中,在其下端的开口处剪开小洞,备用。

A+B 组合

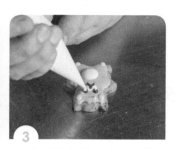

1 取咖啡色柠檬糖霜,沿着饼干周围画出小熊的身体。

2 取黄色柠檬糖霜,画出小熊的耳朵、脚,再用柠檬糖霜画出小熊的嘴巴、肚子。

3 取黑色糖霜,画出小熊的眼睛及嘴巴造型,即成。

tipS

- 此甜点制作材料的枫糖浆可以改用蜂蜜代替,这两种食材各具其独特的风味及口感。
- 核桃含有充足的油脂,可以切碎使用,也可以依照个人喜欢的干果食材进行调整,如杏仁粒、葡萄干等。

Frosting earl tea cookie with flower pattern

伯爵花卉糖霜饼干

·制作时间：	约 70 分钟
·难易度：	★ ★ ☆ ☆ ☆
·制作数量：	30
·最佳品尝期：	7 天

糖霜饼干的涂鸦根据温度变化，其干燥时间会有所差异，因此必须等到重复着色部分完全干燥后才能叠色，或者放进 80℃的烤箱烘烤 1 ~ 2 小时。但采用该做法，饼干会吸收糖霜的水分而变软，所以要更加注意干燥度，才不会因为烘烤时间太久而影响到饼干的美观。

材料

A 伯爵茶饼干

奶油	70g
法国面粉	250g
细砂糖	30g
伯爵茶粉	4g

B 柠檬糖霜

糖粉	460g
新鲜柠檬汁	10g
蛋白	90g
天然色素（黄、红）	适量
深黑纯可可粉	适量

A+B 组合

伯爵茶饼干
柠檬糖霜

A 伯爵茶饼干做法

1 使用搅拌机将奶油、法国面粉、细砂糖拌匀（不打发）。

2 加入伯爵茶粉拌匀，放入冰箱冷藏约半小时。

3 使用擀面棒将饼干面团擀平至厚度一致（0.5～1cm）。

4 使用小花造型压模在饼干面团上压出小花造型。

5 将其放置于烤盘上。

6 以上火180℃／下火160℃的温度预热烤箱15分钟，烤焙25～30分钟，待其冷却后取出。

B 柠檬糖霜做法

1 将糖粉、蛋白放入钢盆中，随后加入柠檬汁。

2 使用搅拌器打发，即成"柠檬糖霜"，装入抛弃式挤花袋中后，在挤花袋下端剪开小洞，备用。

3 取"柠檬糖霜"，加入黄色天然色素拌匀，装入抛弃式挤花袋中后，在挤花袋下端剪开小洞，备用。

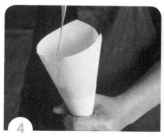

④ 取"柠檬糖霜",加入红色天然色素拌匀,装入抛弃式挤花袋中后,在其下端剪开小洞,备用。

⑤ 取适量"柠檬糖霜",加入深黑纯可可粉拌匀,装入抛弃式挤花袋中,在挤花袋下端开口处剪开小洞,备用。

A+B 组合

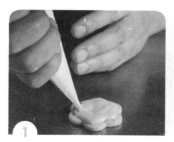

① 取黄色糖霜,挤在花朵饼干表面上。

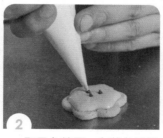

② 取黑色糖霜,在黄色糖霜上点四点为花蕊。

③ 取粉红色糖霜,在黄色糖霜上点一点为花心。再用柠檬糖霜,发挥创意,为花朵饼干画上花边,即成。

tips

● 使用伯爵茶前,必须先将其放入研磨器搅打,直到茶叶呈细状粉末之后,再加入饼干面团内拌匀,如此一来,才不会因为茶叶的颗粒太大而影响口感。

● 英国著名的伯爵茶属于调味红茶,它融入了具有淡淡芳香的佛手柑成分。若在饼干成分中采用它,经过烤焙之后,成品的香气优雅迷人,口味极佳。

Frosting raspberry cookie

覆盆子糖霜饼干

·制作时间：	约 70 分钟
·难易度：	★ ★ ☆ ☆ ☆
·制作数量：	30
·最佳品尝期：	7 天

糖霜的成分有软硬之分，如较硬的、适中的和可流动性的。不论何种硬度的糖霜，都可用于写字、装饰线条或挤出各种花朵、人物卡通造型，也可应用于节庆的作品中，如圣诞节的姜饼屋组合糖霜，可营造出有雪人、雪地及雪球等效果。

材料

A 覆盆子饼干

奶油	120g
细砂糖	120g
精盐	1g
全蛋	1 个
低筋面粉	250g
干燥覆盆子粉	20g

B 柠檬糖霜

糖粉	460g
新鲜柠檬汁	10g
蛋白	90g
红色天然色素	1 ~ 2g

A+B 组合

覆盆子饼干
柠檬糖霜

A 覆盆子饼干做法

1 将奶油、细砂糖、精盐放入容器中，搅拌均匀。

2 加入全蛋，将其搅拌均匀。

3 加入过筛后的低筋面粉、干燥覆盆子粉后拌匀。

4 完成后，放入冰箱冷藏约半小时。

5 使用擀面棒将饼干面团擀平至厚度一致（0.5～1cm）。

6 使用嘴唇造型压模在饼干面团上压出嘴唇造型。

7 将其放置于烤盘上。

8 以上火180℃／下火160℃的温度预热烤箱15分钟，烤焙25～30分钟，待其冷却后取出。

B 柠檬糖霜做法

1. 将糖粉、蛋白放入钢盆中，随后加入柠檬汁。

2. 使用搅拌器打发，即成"柠檬糖霜"，装入抛弃式挤花袋中，在挤花袋下端的开口处剪开小洞，备用。

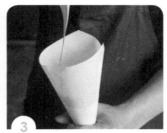

3. 取适量"柠檬糖霜"，加入红色天然色素拌匀，装入抛弃式挤花袋中，在其下端的开口处剪开小洞，备用。

A+B 组合

1. 取粉红色"柠檬糖霜"，挤在嘴唇饼干的表面上。

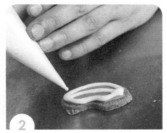

2. 取适量"柠檬糖霜"，发挥创意，画出嘴唇造型，即成。

tips

- 干燥的覆盆子粉是纯天然的水果粉。10 千克新鲜的覆盆子经低温脱水处理后，只能提取 1 千克的覆盆子粉，因而其价格较高。添加覆盆子粉不但能够染色，也能提升口感，可带来酸酸甜甜的迷人滋味。
- 覆盆子粉开封之后，建议在保存时用密封袋密封，随后将其放置于阴凉处，避免阳光直射；避免其接触空气，以免变质。

PART 🏆 5

&

杯装蛋糕类
Cupcakes

Classic muffin cupcake

经典玛芬杯蛋糕

· 制作时间： 约 60 分钟

· 难易度： ★ ☆ ☆ ☆ ☆

· 制作数量： 40

· 最佳品尝期：3 天

材料

全蛋..............9 个（约 450g）	色拉油 560ml
细砂糖 560g	奶水 200ml
低筋面粉 560g	耐烤焙巧克力豆 300g
泡打粉 1g	

经典玛芬杯蛋糕做法

1 将全蛋、细砂糖拌匀后，稍微打发。

2 加入过筛的低筋面粉、泡打粉拌匀。

3 加入色拉油、奶水拌匀。

4 加入耐烤焙巧克力豆，慢速拌匀，即成"面糊"。

5 将"面糊"挤入耐烤焙玛芬杯中，约七分满。

6 以上火 180 ℃ / 下火 180℃的温度预热烤箱约 20 分钟，将做法 5 的"面糊"烤焙 20 ~ 25 分钟，即成。

Michael Wazowski chocolate cupcake

大眼怪巧克力杯蛋糕

- **制作时间：** 约 90 分钟
- **难易度：** ★ ★ ★ ☆ ☆
- **制作数量：** 30
- **最佳品尝期：** 3 天

玛芬杯蛋糕受欢迎的程度令人难以想象。这次制作的大眼怪巧克力杯蛋糕使用糖渍黑樱桃结合巧克力豆进行烘烤，搭配甜而不腻的奶油霜，再利用白巧克力和黑巧克力制成。用模型压出造型后，再发挥创意，画出"大眼怪"的眼睛和嘴巴，即成为了可爱到令人无法抗拒的下午茶点心。

材料

A 原味奶油霜

奶油	200g
糖粉	60g

B 巧克力樱桃玛芬

全蛋	6 个
细砂糖	375g
低筋面粉	375g
色拉油	375ml
泡打粉	0.6g
奶水	135ml
耐烤焙巧克力豆	200g
糖渍黑樱桃	60g

C 柠檬糖霜

糖粉	460g
新鲜柠檬汁	10ml
蛋白	90g

A 原味奶油霜做法

① 使用搅拌器将奶油打发至稍微泛白。

② 加入糖粉，继续打发至整体均匀，且呈挺立状。

A+B+C 组合

原味奶油霜
巧克力樱桃玛芬
柠檬糖霜
白巧克力片
抹茶巧克力片
黑巧克力片

③ 装入菊花型花嘴挤花袋。

B 巧克力樱桃玛芬做法

① 将全蛋、细砂糖拌匀后，稍微打发。

② 加入过筛的低筋面粉、泡打粉拌匀。

③ 加入色拉油、奶水拌匀，再加入耐烤焙巧克力豆。

④ 加入糖渍黑樱桃拌匀，即成"巧克力樱桃玛芬面糊"。

⑤ 将"巧克力樱桃玛芬面糊"分装至抛弃式挤花袋中，在挤花袋下端的开口处剪出洞口。

⑥ 将面糊挤入耐烤焙玛芬杯中约七分满。

⑦ 以上火180℃／下火180℃的温度预热烤箱约20分钟，将做法6中的"面糊"烤焙20～25分钟后，取出，即可食用。

tips

• 添加糖渍黑樱桃前，必须先把黑樱桃的水分完全挤干，再放入面糊中拌匀，才不会造成面糊水分过多而影响口感。

• 奶油霜在打发的过程中，必须打至全发之后才可食用。

• 巧克力要用非调温白巧克力，因其成分中添加了抹茶粉，可增加巧克力的味道和颜色。

A+B+C 组合

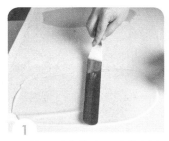

1　将已融化的白巧克力倒在塑料片上抹平，放置10分钟后，待其凝固。

2　取圆形压模，在凝固的白巧克力上压出圆片。

3　将已融化的白巧克力加入抹茶粉调和，倒在塑料片上抹平，放置10分钟后，待其凝固。

4　取圆形压模在凝固的巧克力上压出圆片。

5　取白巧克力液涂在抹茶巧克力圆片的中间。

6　随后放上白色巧克力圆片。

7　用白巧克力液黏合黑色巧克力片。

8　取白巧克力液，画出"大眼怪"的眼睛及嘴巴。

9　最后挤上"柠檬糖霜"，在表层上摆放做好的"大眼怪"眼睛的巧克力装饰片，即成。

Elf style cheese cupcake
小精灵奶酪杯蛋糕

- 制作时间： 约 90 分钟
- 难易度： ★ ★ ★ ☆ ☆
- 制作数量： 30
- 最佳品尝期： 3 天

材料

A 奶酪核桃

奶油奶酪	225g
奶油	170g
细砂糖	220g
全蛋	220g
香草精	8g
低筋面粉	240g
泡打粉	5g
核桃碎（烘烤过的）	200g

B 榛果奶油霜

奶油	200g
糖粉	60g
榛果酱	10g

C 柠檬糖霜

糖粉	460g
新鲜柠檬汁	10ml
蛋白	90g
红色天然色素	适量

A 奶酪核桃做法

① 加入奶油奶酪、奶油、细砂糖搅拌均匀。

② 分次加入全蛋、香草精，拌匀乳化。

③ 加入低筋面粉、泡打粉，以慢速拌匀。

④ 加入烘烤过的核桃碎拌匀即可。

A+B+C 组合

奶酪核桃
榛果奶油霜
柠檬糖霜
彩虹米果
精灵饼干

5 将奶酪核桃面糊装入抛弃式挤花袋中，在其下端的开口处剪出洞口。

6 将"面糊"挤入耐烤焙玛芬杯中约七分满。

7 以上火 180℃ / 下火 180℃ 的温度预热烤箱约 20 分钟，烤焙 20 ~ 25 分钟，待冷却。

B 榛果奶油霜做法

1 使用搅拌器将奶油打发至稍微泛白。

2 加入糖粉继续打发至整体均匀，呈挺立状。

3 加入榛果酱拌匀。

4 装入抛弃式挤花袋中后，再装入装饰用菊花型花嘴。

tips

- 奶油奶酪在使用前，需先从冰箱取出，降至常温，这样与奶油结合时才容易混合均匀。
- 将"面糊"加入全蛋时，必须分次加入，不能一次倒入太多，以免造成乳化不完全，导致奶油产生分离的现象。

C 柠檬糖霜做法

1　将糖粉、蛋白放入钢盆中，后加入柠檬汁。

2　使用搅拌器打发，即成"柠檬糖霜"。

3　取"柠檬糖霜"，加入红色天然色素拌匀，装入抛弃式挤花袋中，在挤花袋下端的开口处剪开小洞，备用。

A+B+C 组合

1　在精灵饼干上用黑色糖霜画上眼睛和嘴巴。

2　用红色糖霜画上眼泪。

3　在完成的奶酪核桃上用榛果奶油霜挤出菊花螺旋形状。

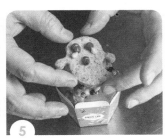

4　在榛果奶油霜旁洒上彩虹米果。

5　最后在表层上摆放做好的精灵饼干，即成。

Potted tiramisu

盆栽提拉米苏

- ·制作时间： 约 60 分钟
- ·难易度： ★ ★ ★ ☆ ☆
- ·制作数量： 35
- ·最佳品尝期：3 天

提拉米苏是用正统的做法，让手指蛋糕吸收咖啡酒糖水。而马斯卡邦奶酪忠于地道原味，放入盆栽的造型杯中，可改变原本的可可粉，制作出类似泥土的巧克力糖酥，让人犹如走入意大利餐厅，品味着最经典的甜点，充满着浪漫的氛围。找个时间一起来享受吧！

材料

A 手指蛋糕

蛋黄............. 8 个（约 160g）
细砂糖 110g
蛋白....... 约 240g（8 个蛋白）
细砂糖 140g
低筋面粉 200g

B 咖啡酒糖水

纯净水 30ml
细砂糖 100g
速溶咖啡粉（无糖）.........50g
甘露咖啡香甜酒 30ml

C 巧克力糖酥

糖粉..................................30g
低筋面粉 25g
杏仁粉 25g
奶油..................................25g
纯可可粉 20g

D 奶酪馅

吉利丁片 2.6g
动物性鲜奶油..................200g
细砂糖 30g
蛋黄..................................56g
马斯卡邦芝士 200g

A+B+C+D 组合

盆栽造型慕斯杯
奶酪馅
刷上咖啡酒糖液的手指蛋糕
巧克力糖酥
新鲜薄荷叶少许

A 手指蛋糕做法

1 使用网状搅拌器将蛋黄、细砂糖（110g）打发。

2 同时使用网状搅拌器将蛋白、细砂糖（140g）打发。

3 将打发完成的蛋白分次加入做法 1 打发完成的蛋黄中，拌匀。

4 分次拌入低筋面粉，搅拌均匀。

5 将完成的"面糊"装入抛弃式挤花袋中，使用平口花嘴，在挤花袋下端的开口位置剪出洞口。

6 以平口斜线的方式用挤花袋将"面糊"挤在已铺好烤盘纸的烤盘上。

7 放入烤箱，以上火 180℃／下火 180℃的温度烤焙 25 ～ 30 分钟。

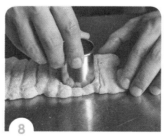

8 烤焙出炉后，待蛋糕冷却，使用小圆切模（直径 6 ～ 8cm）压出小蛋糕体，备用。

B 咖啡酒糖水做法

1 将纯净水、细砂糖放入煮锅，以中小火煮至细砂糖溶解（整体沸腾）。

2 加入速溶咖啡粉（无糖）煮沸，拌匀。

3 加入甘露咖啡香甜酒，拌匀。

4 稍微以小火加热后，咖啡酒糖水即成。

5 使用烘焙用羊毛刷蘸取咖啡酒糖水，让手指蛋糕表面对其进行吸附。

C 巧克力糖酥做法

1 将所有材料放入容器中，使用搅拌器拌匀，直至呈团状。

2 将其捏成小块状，设定好间隔距离后，摆放至已铺好烤盘纸的烤盘上。

3 放入烤箱，以上火150℃ / 下火150℃的温度烤焙20 ～ 35分钟。

D 奶酪馅

① 将吉利丁片对折后剪成两半，使用容器，以冷水浸泡其3～5分钟（水量需盖过吉利丁片），捞出，挤干多余水分，备用。

② 将动物性鲜奶油打发，完成后，放入冰箱冷藏，备用。

③ 使用容器，以中小火将细砂糖、蛋黄隔水加热后打发至蓬松状。

④ 趁热加入泡软的吉利丁片，拌匀至溶解。

⑤ 加入软化的马斯卡邦芝士，拌匀。

⑥ 最后加入已打发的动物性鲜奶油，拌匀乳化，即成奶酪馅。装入抛弃式挤花袋中，备用。

 tips

- 手指蛋糕在送进烤炉前，其面糊表面必须撒上一层糖粉。这样在出炉时，它的上面才会产生一层脆皮。
- 甘露咖啡香甜酒可以稀释后沾在手指蛋糕上面，而将它加入奶酪慕斯中则是为了增加提拉米苏整体的香气，提升其口感。
- 在制作巧克力糖酥的过程中，必须先把糖酥烤好，随后才能进行敲碎的动作。

A+B+C+D 组合

1 在盆栽造型杯底部倒入约 1/3 已做好的奶酪馅。

2 在奶酪馅上放上一片手指蛋糕。

3 于盆栽造型杯中间倒入一部分奶酪馅。

4 在中间位置的奶酪馅上放上一片手指蛋糕。

5 将奶酪馅倒入慕斯杯约八分满。

6 将盆栽造型杯表面轻轻敲平，随后将其移入冰箱冷藏1小时（待凝固定型）。

7 将盆栽造型杯取出，在其表面撒上巧克力糖酥。

8 放上新鲜薄荷叶，即成。

Strawberry cream muffin

草莓鲜奶油松饼

- 制作时间: 约 60 分钟
- 难易度: ★ ★ ☆ ☆ ☆
- 制作数量: 20
- 最佳品尝期: 7 天

草莓松饼是早餐和下午茶必备的点心，不需烤箱，只要用平底锅就可完成。加上鲜奶油，真的很吸睛，也可搭配各式糖浆、果酱或是时令水果，结合香醇顺滑的鲜奶油，或者放上香草冰淇淋，绝妙的好滋味一次就能满足。

材料

A 松饼

全蛋	100g
细砂糖	25g
精盐	1.5g
鲜奶	140ml
橄榄油	30ml
焦化奶油	150ml
香草籽粉	5g
低筋面粉	180g
泡打粉	8g

B 生乳馅

砂糖	25g
动物性鲜奶油	250g
日本香缇调和鲜奶油	250g

A+B 组合

煎好的松饼、打发完成的生乳馅、新鲜草莓

A 松饼做法

1 使用搅拌器将全蛋、细砂糖、精盐打发至整体颜色泛白（组织蓬松）。

2 将打发完成的一半面糊取出，加入鲜奶、橄榄油后拌匀。

3 分次加入香草籽粉、低筋面粉、泡打粉，动作缓慢轻柔地将其搅拌拌匀（至无面粉颗粒），即成。

4 将煮融的焦化奶油加入面糊中。

5 用打蛋器将其搅拌均匀即可。

6 使用防粘黏的平底锅，抹上一层薄薄的奶油后对其进行加热。

7 在预热好的平底锅中倒入一大杯面糊，让面糊呈圆形。

8 以中小火煎约2分钟。

9 面糊底部呈现金黄色后即可翻面，对其两面均匀上色。

B 生乳馅做法

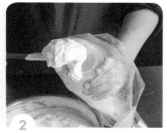

1 使用搅拌器将砂糖、动物性鲜奶油、日本香缇调和鲜奶油以隔冰水的方式打发。

2 将生乳馅分装至抛弃式挤花袋中,装上装饰花嘴,将其下端的开口处剪开,随后移入冰箱冷藏,备用。

A+B 组合

1 将新鲜草莓切片。

2 在瓷盘中先放入一块松饼,在松饼上挤上适量的生乳馅。

3 将新鲜草莓放在松饼的表层上。

4 放上一块松饼,在其上面挤上适量的生乳馅。

5 在松饼的表层上放上新鲜草莓。

6 最后放上一块松饼,在其上面挤上生乳馅后放上新鲜草莓,即成。

PART 6

&

果冻软糖类
Jellies and candies

Juicy peach jelly
水蜜桃果冻

·制作时间：	约 30 分钟
·难易度：	★ ☆ ☆ ☆ ☆
·制作数量：	15
·最佳品尝期：	3 天

可以左晃右晃的半固体果冻是孩子们非常喜爱的甜食，它由果冻粉加水、糖及果汁制成，还可添加时令水果，口感会更好。制作时可挑选喜爱的容器来盛装，待凝固脱模之后，即可呈现出精美的视觉效果。

材料

水蜜桃果肉 50g
蜜桃汁（罐头）............. 200ml
细砂糖 26g
果冻粉 14g
纯净水 420ml

水蜜桃果冻做法

1 将纯净水、蜜桃汁、细砂糖放入煮锅。

2 加入果冻粉，搅拌均匀，以中小火煮至沸腾。

tips

- 果冻粉在使用时须和砂糖先混合再加入，才不会造成结粒现象。
- 果冻粉在制作时一定要煮至沸腾，才会发挥作用。

3 倒入杯形的模具中八分满，加入水蜜桃果肉。

4 移入冰箱，冷藏约 1 小时，待其凝固，即成。

French raspberry fudge

法式覆盆子软糖

·制作时间：	约 30 分钟
·难易度：	★ ☆ ☆ ☆ ☆
·制作数量：	15
·最佳品尝期：	3 天

法式覆盆子软糖做法

材料

覆盆子果泥 166g
糖浆.............................37ml
细砂糖 183g
苹果果胶粉 10g

法式软糖是法国经典的甜食之一。它利用水果、糖浆及苹果果胶粉煮成浓稠状，再倒入各种模型。等其凝固定型之后，可用刀分切小块，或是用造型压模将其压制成各种形状。天然的材料在嘴里释放出酸甜的滋味，令人无法抗拒。它亦可存放在玻璃罐中，成为厨房中的"疗愈美食"。

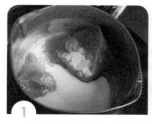

1 将覆盆子果泥、糖浆放入煮锅中，以中小火加热至沸腾。

2 加入细砂糖、苹果果胶粉，搅拌均匀，以小火煮至114℃（边煮边搅拌）。

3 趁热倒入圆形模具中，放入冰箱冷藏约1小时（待凝固）。

4 取出后脱膜，依个人喜好沾取细砂糖。

5 用刀具切除其圆边后，裁切成正方形小块。

6 将软糖的每面粘上细砂糖，即成。

Flower pattern fudge

花样水果软糖

·制作时间：	约 60 分钟
·难易度：	★★☆☆☆
·制作数量：	15
·最佳品尝期：	3 天

水果软糖原料是采用市售的冷冻果泥制作而成的，它无菌、稳定性高，还可利用制作方式变化造型。粘上细砂糖后可呈现不同的"样貌"，其口感有自然的水果香气，大人小孩都十分喜爱。

材料

新鲜芒果	10g
芒果果泥	166g
糖浆	37ml
细砂糖	183g
苹果果胶粉	10g

花样水果软糖做法

1　将新鲜芒果、芒果果泥、糖浆、细砂糖及苹果果胶粉放入煮锅，以中小火加热至沸腾。

2　趁热倒入模型中，轻轻敲平，放入冰箱冷藏约 1 小时（待凝固）。

3　将冷却凝固的芒果软糖粘上砂糖。

4　用花形压模对冷却凝固的芒果软糖压出形状。

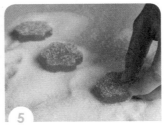

5　将芒果软糖粘上细砂糖，即成。

Orange mint jelly

鲜橙薄荷果冻

- 制作时间： 约 30 分钟
- 难易度： ★ ☆ ☆ ☆ ☆
- 制作数量： 8
- 最佳品尝期：3 天

材料

吉利丁片.........................8g
新鲜柳橙汁.................100ml
纯净水..........................50ml
细砂糖..........................10g

蜂蜜................................20g
薄荷叶............................适量

鲜橙薄荷果冻做法

1 将吉利丁片放入容器中，以冷水（水量需盖过吉利丁片）浸泡 3 ~ 5 分钟后，捞出，挤干其多余水分，备用。

2 使用水果刀沿着果肉周围慢慢将果肉取出（柳橙皮呈中空的碗状）。

3 将纯净水、细砂糖放入煮锅，以中小火加热至沸腾。

4 加入蜂蜜、新鲜柳橙汁，拌匀。

5 趁热加入泡软的吉利丁片，拌匀至其溶解。

6 倒入中空的柳橙碗中，冷藏约 1 小时（待凝固），随后摆上薄荷叶装饰，即成。

Litchi fudge poached egg style

荔枝荷包蛋软糖

· 制作时间： 约 30 分钟

· 难易度： ★ ★ ☆ ☆ ☆

· 制作数量： 30

· 最佳品尝期：3 天

软糖可以有多种创意变化，如果发挥想象力，可以做成像荷包蛋的造型，还可用水果的颜色进行组合！芒果的颜色是黄色，可以制作成蛋黄；而荔枝的颜色是白色，可以制作成蛋白，这样成品就变成非常有趣的"荷包蛋"了。希望你也能想出更多有趣的创意软糖！

材料

A 芒果软糖

新鲜芒果..........................10g

芒果果泥..........................166g

糖浆..............................37ml

细砂糖 183g

苹果果胶粉 10g

B 荔枝软糖

荔枝果泥..........................170g

糖浆..............................35ml

细砂糖 185g

苹果果胶粉 10g

荔枝酒 5ml

A+B 组合

芒果软糖

荔枝软糖

细砂糖适量

荔枝荷包蛋软糖   141

A 芒果软糖做法

1 将新鲜芒果、芒果果泥、糖浆、细砂糖、苹果果胶粉放入煮锅，以中小火加热，煮至沸腾。

2 将芒果软糖浆灌入硅胶模中，备用。

B 荔枝软糖做法

1 将荔枝果泥、糖浆、细砂糖、苹果果胶粉放入煮锅，以中小火加热，煮至沸腾。

2 加热至沸腾后，加入荔枝酒拌匀，即成。

A+B 组合

1 将制成的芒果软糖放入圆形硅胶模正中间，形成"荷包蛋蛋黄"后，待其冷却凝固。

2 趁热将制成的荔枝软糖倒入圆形硅胶模中的其余空间，形成"荷包蛋蛋白"的部分。

3 移入冰箱，冷藏约1小时，将制成的软糖粘上细砂糖，放入干燥罐中保存，即成。

PART 7

蛋糕卷类
Cake rolls

Fresh milk cake roll

牛奶蛋糕卷

·制作时间：	约 60 分钟
·难易度：	★ ★ ★ ☆ ☆
·制作数量：	1
·最佳品尝期：	3 天

　　牛奶蛋糕卷是网络销售的冠军甜点，它由松软的海绵蛋糕搭配上爽口又香浓的鲜奶油馅，质地蓬松、湿润，再搭配轻爽口味的卡士达奶油内馅，适合各年龄阶段的人食用，甚至吃上一口就会爱它一辈子。

材料

A 蛋糕体

橘子水（罐头）............300ml
色拉油 300ml
低筋面粉 225g
泡打粉 1g
蛋黄...............................250g
蛋白...............................500g
细砂糖 250g

B 卡士达内馅

动物性鲜奶油（打发）.....150g
卡士达粉 175g
鲜奶............................500ml

A+B 组合

蛋糕体
卡士达内馅

A 蛋糕体做法

1　将橘子水、色拉油放入钢盆，使用搅拌器拌匀。

2　加入低筋面粉、泡打粉，继续拌匀。

3　加入蛋黄拌匀，即成"蛋黄面糊"。

4　将蛋白、细砂糖放入钢盆，使用搅拌机打发至挺立，尖端呈微垂状。

5　打发后，加入做法3的"蛋黄面糊"混合拌匀。

6　将制成的蛋糕面糊倒入铺好烤盘纸的烤盘上，将其抹平。

7　放入烤箱，以上火190℃／下火150℃的温度烤焙约10分钟。

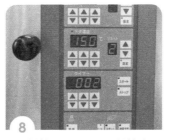

8　烘烤10分钟后，将烤盘前后掉头，将烤箱温度调至上火150℃／下火150℃后，继续烤焙10分钟。

9　出炉后，待蛋糕体冷却，备用。

B 卡士达内馅做法

将动物性鲜奶油放入钢盆中打发，完成后，放入冰箱冷藏，备用。

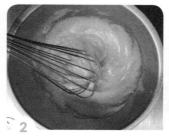

使用搅拌器将卡士达粉、鲜奶拌匀。

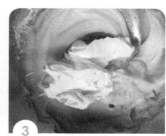

最后加入打发完成的动物性鲜奶油拌匀，即完成"卡士达内馅"。

A+B 组合

将冷却后的蛋糕体翻面，撕开底部的烤盘纸。

使用抹刀在冷却后的蛋糕体上均匀抹上卡士达内馅。

在蛋糕体底部铺纸，使用擀面棒将蛋糕整体卷起来，形成圆筒状。

将蛋糕卷放入冰箱冷藏约半小时（待其定型），取出切片，即成。

- 烤焙蛋糕时，必须确定蛋糕的熟度，不能烤焙过度，否则在卷蛋糕体的过程中很容易失败。
- 卡士达粉在使用时，不能结粒，这样口感才会顺滑。

Giraffe pattern vanilla cake roll

长颈鹿香草蛋糕卷

・制作时间： 约 60 分钟
・难易度： ★★★☆☆
・制作数量： 1
・最佳品尝期：3 天

材料

A 蛋糕体

橘子水（罐头）.............300ml
色拉油 300ml
低筋面粉 225g
泡打粉 1g
蛋黄..............................250g
蛋白..............................500g
细砂糖...........................250g
浓缩咖啡液 ....适量
深黑纯可可粉.................适量

B 卡士达内馅

动物性鲜奶油（打发）.....150g
卡士达粉 175g
鲜奶..............................500ml

A+B 组合

蛋糕体
卡士达内馅

━━ A 蛋糕体做法 ━━

1 将橘子水、色拉油放入钢盆，使用搅拌器拌匀。

2 加入低筋面粉、泡打粉拌匀。

3 加入蛋黄拌匀，即成"蛋黄面糊"。

4 将蛋白、细砂糖放入钢盆，使用搅拌机将其打发至挺立，尖端呈微垂状。

5 打发后，加入做法 3 中的"蛋黄面糊"混合拌匀。

6 从上述混合制成的蛋糕面糊中取出 50g。

7

加入浓缩咖啡液，以切拌的方式快速混合匀，调出深色咖啡面糊。

8

加入深黑纯可可粉，以切拌的方式快速混合匀，调出深色可可面糊。

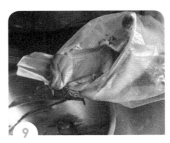

9

使用抛弃式挤花袋，取出深色咖啡面糊。

10

使用抛弃式挤花袋，取出深色可可面糊。

11

在铺上烤盘纸的烤盘上用抛弃式挤花袋挤上少量深色咖啡面糊。

12

在铺上烤盘纸的烤盘上用抛弃式挤花袋挤上少量深色可可面糊。

13

将剩余的原味蛋糕面糊倒入烤盘内，后将其抹平。

14

放入烤箱，以上火190℃／下火150℃的温度烤焙约10分钟。

15

将烤盘前后掉头，温度改成上火150℃／下火150℃，继续烤焙10分钟。出炉后待蛋糕体冷却，备用。

B 卡士达内馅做法

 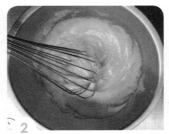 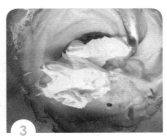

1. 将动物性鲜奶油放入钢盆内打发，完成后放入冰箱冷藏，备用。

2. 使用搅拌器将卡士达粉、鲜奶拌匀。

3. 最后加入打发完成的动物性鲜奶油拌匀，即完成"卡士达内馅"。

A+B 组合

1. 将冷却后的蛋糕体翻面，撕开底部烤盘纸。

2. 使用抹刀在蛋糕体上均匀抹上卡士达内馅。

3. 在蛋糕体底部铺纸，使用擀面棒将蛋糕整体卷起，呈圆筒状。

4. 将蛋糕卷放入冰箱冷藏约半小时（待其定型），取出切片，即成。

 tips

● 蛋糕染色的速度要快，否则容易造成消泡失败。
● 蛋糕的花纹要先烤过，其底部的面糊才不会消失。
● 可从浅色的颜色开始染，这样不会造成浪费。

Zebra pattern fresh cream cake roll

斑马鲜奶油蛋糕卷

· 制作时间： 约 60 分钟
· 难易度： ★ ★ ★ ☆ ☆
· 制作数量： 1
· 最佳品尝期：3 天

材料

A 蛋糕体

新鲜橘子水 300ml
色拉油 300ml
低筋面粉 225g
泡打粉 1g
蛋黄...............................250g
蛋白...............................500g
细砂糖 250g
深黑纯可可粉.................适量

B 卡士达内馅

动物性鲜奶油（打发）.... 150g
卡士达粉........................ 175g
鲜奶............................500ml

A+B 组合

蛋糕体
卡士达内馅

A 蛋糕体做法

1 将橘子水、色拉油放入钢盆，使用搅拌器拌匀。

2 加入低筋面粉、泡打粉拌匀。

3 加入蛋黄拌匀，即成"蛋黄面糊"。

4 将蛋白、细砂糖放入钢盆，使用搅拌机打发至挺立，尖端呈微垂状。

5 打发后，加入做法3中的"蛋黄面糊"混合拌匀。

6 从上述混合制成的蛋糕面糊中取出50g。

7

加入深黑纯可可粉，以切拌的方式快速拌匀。

8

使用抛弃式挤花袋，取出深黑纯可可粉面糊。

9

将少量深黑纯可可面糊挤在铺有烤盘纸的烤盘上，呈现波浪形。

10

将制作完成的斑马斑纹可可面糊放入烤箱中烘烤 2 ~ 3 分钟（温度：上火 200℃ / 下火 150℃），待面糊熟化定型后取出。

11

将剩余的原味蛋糕面糊倒入烤盘内并将其抹平。

12

放入烤箱，以上火 190℃ / 下火 150℃ 的温度烤焙约 10 分钟。

13

将烤盘前后掉头，温度改为上火 150℃ / 下火 150℃后，继续烤焙 10 分钟。

14

出炉后，待蛋糕体冷却，备用。

B 卡士达内馅做法

 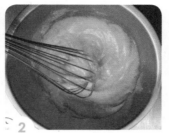 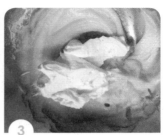

将动物性鲜奶油放入钢盆中打发，完成后放入冰箱冷藏，备用。

使用搅拌器将卡士达粉、鲜奶拌匀。

最后加入打发完成的动物性鲜奶油拌匀，即完成"卡士达内馅"。

A+B 组合

将冷却后的蛋糕体翻面，撕开底部的烤盘纸。

使用抹刀在冷却的蛋糕体上均匀抹上卡士达内馅。

在蛋糕体底部铺纸，使用擀面棒将蛋糕整体卷起成圆筒状。

将蛋糕卷置于冰箱内冷藏约半小时（待其定型），取出切片，即成。

tips

- 深黑纯可可面糊在使用前可加入适量饮用水混合均匀，呈现出液态。
- 在打发蛋白时，砂糖可以分两次放入，这样可以增加蛋白的活性。

斑马鲜奶油蛋糕卷

Strawberry pattern cake roll

草莓涂鸦蛋糕卷

·制作时间：	约 60 分钟
·难易度：	★ ★ ★ ☆ ☆
·制作数量：	1
·最佳品尝期：	3 天

材料

A 蛋糕体

新鲜橘子水	300ml
色拉油	300ml
低筋面粉	225g
泡打粉	1g
蛋黄	250g
蛋白	500g
细砂糖	250g
红色天然色素	1 ~ 2g

B 卡士达内馅

动物性鲜奶油（打发）	150g
卡士达粉	175g
鲜奶	500ml

A+B 组合

蛋糕体
卡士达内馅
浓缩咖啡液适量
绿色天然色素适量

A 蛋糕体做法

1 将橘子水、色拉油放入钢盆，使用搅拌器拌匀。

2 加入低筋面粉、泡打粉拌匀。

3 加入蛋黄拌匀，即成"蛋黄面糊"。

4 将蛋白、细砂糖放入钢盆，使用搅拌机打发至挺立，尖端呈微垂状。

5 打发后，加入做法 3 中的"蛋黄面糊"混合拌匀。

6 从上述混合制成的蛋糕面糊中取出 50g。

⑦ 加入红色天然色素，以切拌的方式快速混合匀，调出红色草莓面糊。

⑧ 使用抛弃式挤花袋，取出红色草莓面糊。

⑨ 使用抛弃式挤花袋将少量红色草莓面糊挤在铺上烤盘纸的烤盘上。

⑩ 将已制成的红色草莓图案面糊放入烤箱烘烤 2～3 分钟（温度：上火 200℃／下火 150℃），待面糊熟化定型后取出。

⑪ 将剩余的原味蛋糕面糊倒入烤盘内，并将其抹平。

⑫ 放入烤箱，以上火 190℃／下火 150℃的温度烤焙约 10 分钟。

⑬ 将烤盘前后掉头，将烤箱的温度改为上火 150℃／下火 150℃后，继续烤焙 10 分钟。

⑭ 出炉后，待蛋糕体冷却，备用。

 tipS

- 在打发蛋白时，细砂糖可以分两次加入，以增加蛋白的活性。
- 蛋糕在染色时，速度要快，否则很容易造成消泡失败。

B 卡士达内馅做法

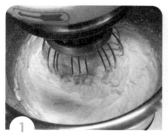

1 将动物性鲜奶油放入钢盆中打发，完成后，放入冰箱冷藏，备用。

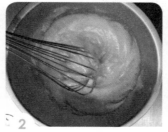

2 使用搅拌器将卡士达粉、鲜奶拌匀。

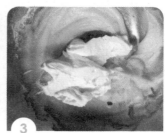

3 最后加入打发完成的动物性鲜奶油拌匀，即完成"卡士达内馅"。

A+B 组合

1 将冷却后的蛋糕体翻面，撕下其底部烤盘纸。

2 使用抹刀在冷却后的蛋糕体上均匀抹上卡士达内馅。

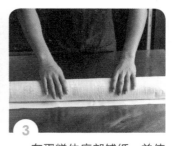

3 在蛋糕体底部铺纸，并使用擀面棒将蛋糕整体卷成圆筒状。

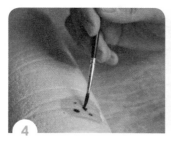

4 将定型后的蛋糕卷打开，使用浓缩咖啡液，在红色草莓图案上间隔地画上黑色小点。

5 用绿色天然色素画上草莓的绿色蒂头。

6 将蛋糕卷放入冰箱，冷藏约半小时（待其定型），取出切片，即成。

草莓涂鸦蛋糕卷　161

Orange pattern cake roll

柳橙涂鸦蛋糕卷

- 制作时间： 约 60 分钟
- 难易度： ★ ★ ★ ☆ ☆
- 制作数量： 1
- 最佳品尝期：3 天

材料

A 蛋糕体

橘子水（罐头）............300ml
色拉油........................300ml
低筋面粉.....................225g
泡打粉...........................1g
蛋黄............................250g
蛋白............................500g
细砂糖.........................250g
橘色天然色素................1~2g

B 卡士达内馅

动物性鲜奶油（打发）.....150g
卡士达粉.......................175g
鲜奶...........................500ml

A+B 组合

蛋糕体
卡士达内馅
咖啡色天然色素适量
绿色天然色素适量

A 蛋糕体做法

1 将橘子水、色拉油放入钢盆，使用搅拌器拌匀。

2 加入低筋面粉、泡打粉拌匀。

3 加入蛋黄拌匀，即成"蛋黄面糊"。

4 将蛋白、细砂糖放入钢盆，使用搅拌机打发至挺立，尖端呈微垂状。

5 打发后，加入做法 3 中的"蛋黄面糊"，混合拌匀。

6 从上述混合制成的蛋糕面糊中取出 50g。

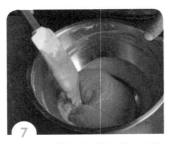

7

加入橘色天然色素，以切拌的方式快速混匀，调出橘色柳橙面糊。

8

使用抛弃式挤花袋，取出橘色柳橙面糊。

9

用抛弃式挤花袋将少量橘色柳橙面糊挤在铺上烤盘纸的烤盘上，并画出柳橙图案。

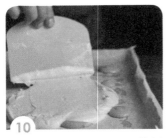

10

将剩余的原味蛋糕面糊倒入烤盘内，并将其抹平。

11

放入烤箱，以上火190℃／下火150℃的温度烤焙约10分钟。

12

将烤盘前后掉头，温度改为上火150℃／下火150℃后继续烤焙10分钟。出炉后，待蛋糕体冷却，备用。

tips

- 蛋糕染色的速度要快，不然很容易造成消泡失败。
- 蛋糕的花纹要先烤过，其底部的面糊才不会消失。
- 家用烤箱最好选用可调整上下火的烤箱，这样在制作过程中，蛋糕才不会因温度受热不均而制作失败。若使用家用烤箱，建议将本书上标示的炉温减少10℃～20℃。

B 卡士达内馅做法

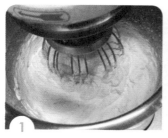

1 将动物性鲜奶油放入钢盆中打发，完成后放入冰箱内冷藏，以作为后续备用。

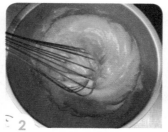

2 使用搅拌器将卡士达粉、鲜奶拌匀。

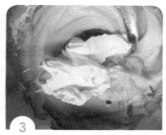

3 最后加入打发的动物性鲜奶油拌匀，即完成"卡士达内馅"。

A+B 组合

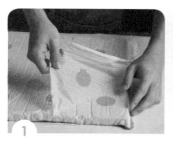

1 将冷却后的蛋糕体翻面，撕下其底部的烤盘纸。

2 使用抹刀在冷却后的蛋糕体上均匀抹上卡士达内馅。

3 在蛋糕体底部铺纸，使用擀面棒将蛋糕整体卷成圆筒状。

4 将定型后的蛋糕卷打开，使用咖啡色天然色素在橘色柳橙图案间隔地画上蒂头。

5 用绿色天然色素为柳橙图案画上绿色叶子。

6 将蛋糕卷放入冰箱，冷藏约半小时（待其定型），取出切片，即成。

PART 🏆 8

&

夹层蛋糕类
Sandwich cakes

Strawberry fresh cream cake
草莓鲜奶油蛋糕

· 制作时间：　　约 120 分钟

· 难易度：　　★ ★ ★ ★ ☆

· 制作数量：　　1

· 最佳品尝期：3 天

戚风蛋糕的口感松软细腻，极富弹性，再组合打发的植物鲜奶油，搭配当季水果，用抛弃式挤花袋的特殊花嘴挤出一瓣瓣玫瑰花装饰，华丽优雅的造型充满了浓情蜜意。不仅视觉效果佳，吃在嘴里也让人倍感幸福。

材料

戚风蛋糕

鲜奶..............................9ml
色拉油 90ml
香草精 3g
低筋面粉 130g
蛋黄 150g
蛋白 300g
细砂糖 150g
塔塔粉 1g

戚风蛋糕 + 组合

戚风蛋糕
植物性鲜奶油 500g（打发）
新鲜草莓 500g

戚风蛋糕做法

1. 将鲜奶、色拉油、香草精放入煮锅，以中小火加热至温热（勿沸腾）。

2. 加入低筋面粉拌匀。

3. 加入蛋黄拌匀，即成"蛋黄面糊"。

4. 将蛋白、细砂糖、塔塔粉放入钢盆，使用搅拌机打发至挺立，尖端呈微垂状。

5. 取出1/3打发后的蛋白，再加入做法3中的"蛋黄面糊"混合拌匀。

6. 将剩余2/3蛋白加入其中拌匀，混拌至面糊整体光亮、均匀、不消泡为止。

7. 将制成的面糊倒入8寸蛋糕模中至八分满。

8. 轻敲蛋糕模，使面糊平整。

9. 放入烤箱烤焙45～50分钟（温度：上火200℃／下火180℃）。出炉后整模倒扣至出炉架上，待蛋糕体冷却，备用。

戚风蛋糕＋组合

将植物性鲜奶油放入钢盆中，打发至挺立状。

将新鲜草莓洗净后擦干，切成丁状。

将整体冷却后的戚风蛋糕脱模，横切成片状（切三等份）。

在底部第一层蛋糕体上抹上薄薄一层植物性鲜奶油。

均匀铺上草莓丁后，再抹上薄薄一层植物性鲜奶油。

铺盖上第二层蛋糕体，再抹上一层植物性鲜奶油，随后铺上草莓丁。

将第三层蛋糕体铺盖上，轻压后将其与其他两层紧密结合，放入冰箱冷藏约1小时（待其定型）。

将蛋糕体取出，在其表面抹上植物性鲜奶油，直至光滑、平整。

在侧面抹上植物性鲜奶油，直至光滑、平整。

⑩ 完成后在蛋糕底部放上金底纸盘。

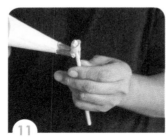

⑪ 用抛弃式挤花袋挤出玫瑰花瓣内圈。

⑫ 用抛弃式挤花袋挤出玫瑰花瓣中圈。

⑬ 用抛弃式挤花袋挤出玫瑰花瓣外圈。

⑭ 用剪刀把玫瑰花取出。

⑮ 总共挤好3朵玫瑰花，将其置于蛋糕上。

⑯ 用染好色的鲜奶油在玫瑰花旁边点缀，即成。

tips

- 冰过的蛋黄在使用前，可以用温水将其降至室温，这样打发成形的速度会更快。
- 想要画出漂亮的生日蛋糕，需用低速打发植物性鲜奶油，这样才不会打入大量的空气，从而造成气洞太大，导致蛋糕表面不平滑。

OREO chocolate cake
奥利奥巧克力蛋糕

- 制作时间：　　约 120 分钟
- 难易度：　　　★ ★ ★ ★ ☆
- 制作数量：　　1
- 最佳品尝期：3 天

　　将奥利奥巧克力饼干应用在鲜奶油蛋糕上，可先将奥利奥饼干碎与白色鲜奶油混合，就像孩子爱吃的巧克力冰淇淋；再装饰整块奥利奥饼干，巧克力蛋糕的造型在整体上令人无法抗拒，洋溢着满满的幸福滋味。

材料

奥利奥巧克力蛋糕

水	275ml
可可粉	121g
色拉油	206ml
奶油	165g
蛋黄	300g
低筋面粉	121g
玉米粉	50g
蛋白	480g
细砂糖	250g
塔塔粉	1~2g

奥利奥巧克力蛋糕 + 组合

奥利奥巧克力蛋糕
植物性鲜奶油 500g（打发）
奥利奥巧克力饼干碎
奥利奥巧克力饼干

奥利奥巧克力蛋糕做法

1 将水煮至微滚，加入可可粉，搅拌均匀。

2 加入色拉油、奶油、蛋黄后搅拌均匀。

3 加入低筋面粉和玉米粉后，将整体拌匀。

4 将蛋白、细砂糖、塔塔粉放入钢盆，使用搅拌机打发至挺立，尖端呈微垂状。

5 取出1/3打发后的蛋白，再加入做法3中的"蛋黄面糊"混合拌匀。

6 将剩余2/3蛋白加入拌匀，混拌至面糊整体光亮、均匀、不消泡。

7 将完成的面糊倒入8寸蛋糕模中至八分满，随后轻敲蛋糕模，使面糊平整。

8 放入烤箱烤焙45～50分钟（温度：上火200℃／下火180℃）。

9 出炉后，将蛋糕整模倒扣至出炉架上，待蛋糕体冷却，备用。

奥利奥巧克力蛋糕＋组合

1 将植物性鲜奶油放入钢盆中，打发至挺立状。

2 将奥利奥巧克力饼干敲碎成小块状。

3 将整体冷却后的巧克力海绵蛋糕脱模。

4 将蛋糕体横切成片状（切成三等份）。

5 在第一层蛋糕体上抹上一层植物性鲜奶油，铺上奥利奥巧克力饼干。

6 重复步骤 5，制作出第二层、第三层蛋糕体，然后放入冰箱冷藏约 1 小时（待其定型）。

7 将蛋糕体取出，在其表面抹上植物性鲜奶油，直至光滑、平整。

8 在制作好的蛋糕上挤上鲜奶油进行装饰，撒上巧克力碎后铺平。

9 最后在蛋糕表面放上奥利奥巧克力饼干进行装饰，即成。

Classic Baileys cake

经典百利甜酒蛋糕

·制作时间：	约 120 分钟
·难易度：	★ ★ ★ ★ ★
·制作数量：	1
·最佳品尝期：	3 天

百利甜酒蛋糕是一款著名的巧克力蛋糕，材料采用多层巧克力杏仁蛋糕体堆叠，加上百利甜酒的香气，苦甜交错。它是一道有品位的点心，也是一道培养耐心及毅力的作品。浓香的巧克力富有层次感，含在嘴里能增添幸福感。

材料

A 巧克力杏仁蛋糕

纯净水	300ml
细砂糖	190g
奶油	570g
低筋面粉	230g
可可粉	230g
杏仁粉	230g
泡打粉	8g
蛋黄	570g
蛋白	1020g
细砂糖	380g
塔塔粉	1~2g

B 百利甜酒甘纳许

动物性鲜奶油	290g
苦甜巧克力	195g
纯黑巧克力	20g
百利甜酒	15ml

C 榛果可可脆片

榛果酱	200g
牛奶巧克力	100g
可可脆片	100g

D 百利甜酒糖酒水

纯净水	170ml
细砂糖	170g
百利甜酒	70ml

E 牛奶巧克力淋面

苦甜巧克力	278g
可可脂	8g
奶油	158g
百利甜酒	适量

A+B+C+D+E 组合

巧克力杏仁蛋糕	百利甜酒甘纳许
榛果可可脆片	百利甜酒糖酒水
牛奶巧克力淋面	糖花
水果	开心果

A 巧克力杏仁蛋糕做法

将水、细砂糖（190g）、奶油煮热至微滚。

将低筋面粉、可可粉、杏仁粉、泡打粉加入其中拌匀。

将蛋黄加入面糊中拌匀。

将蛋白、细砂糖（380g）、塔塔粉放入钢盆，使用搅拌机打发至挺立，尖端呈微垂状。

取出1/3打发后的蛋白，加入做法3中的"蛋黄面糊"混合拌匀。

将剩余2/3蛋白加入拌匀，混拌至面糊整体光亮、均匀、不消泡。

将制成的蛋糕面糊倒入铺好烤盘纸的烤盘上后将其抹平。

放入烤箱，烤焙约10分钟（温度：上火200℃／下火180℃）。

将烤盘前后掉头，温度改为上火170℃／下火150℃后，继续烤焙6分钟。

B 百利甜酒甘纳许做法

① 将动物性鲜奶油放入煮锅，以中小火煮至沸腾。

② 立即冲入融化的苦甜巧克力、纯黑巧克力中拌匀。

③ 最后加入百利甜酒拌匀，即成"百利甜酒甘纳许"。

C 榛果可可脆片做法

① 将切碎的牛奶巧克力、榛果酱倒入煮锅中，以中小火隔水加热的方式将其融化。

② 加入可可脆片，备用。

③ 用橡皮刮刀拌匀即可。

D 百利甜酒糖酒水

① 将纯净水、细砂糖、百利甜酒放入煮锅中混匀。

② 以中小火煮至沸腾。

③ 放凉，即成。

E 牛奶巧克力淋面做法

1 将切碎的苦甜巧克力、可可脂装入煮锅中，以中小火隔水加热的方式将其融化。

2 加入奶油、百利甜酒后搅拌均匀。

3 制成夹层内馅。

A+B+C+D+E 组合

1 将巧克力杏仁蛋糕裁成3片（长宽大小一致）。

2 在第一层蛋糕上铺上榛果可可脆片后，放入冰箱冷藏约半小时（待其凝固）。

3 取出后，在蛋糕上抹上一层薄薄的"百利甜酒甘纳许"。

4 铺上第二层蛋糕，并将一、二层蛋糕轻轻压紧。

5 在第二层蛋糕上抹上一层百利甜酒糖酒水。

6 于第二层蛋糕上，抹上薄薄的"百利甜酒甘纳许"，随后将其抹平。

放上第三层蛋糕，将一、二、三层蛋糕轻轻压紧。

于第三层蛋糕上，抹上薄薄的"百利甜酒甘纳许"，随后将其抹平。

将牛奶巧克力淋面淋覆于蛋糕表面，将其抹平，放入冰箱冷藏约半小时（待表面凝固）。

待蛋糕表面凝固不粘黏后，将其取出，切成正方形18cm×18cm。

用喷火枪烧面，防止结霜。

将蛋糕放入盘中，撒上开心果作为装饰。

在蛋糕上方摆上糖花和水果，即成。

- 巧克力杏仁蛋糕上可以刷上百利甜酒糖酒水，不但可以增加蛋糕香气，还有保湿的作用，这是制作此款蛋糕非常重要的环节。
- 牛奶巧克力淋面可在最后倒在蛋糕的最上层，将蛋糕移入冰箱冷冻保存即可。

Chest cake

金币藏宝盒蛋糕

- 制作时间： 约 120 分钟
- 难易度： ★★★★★
- 制作数量： 1
- 最佳品尝期：3 天

这是一款奶油口味重的蛋糕，口感比较扎实。最吸睛的创意是将蛋糕体中间挖空，放入金币巧克力，外层涂抹好吃的鲜奶油，再搭配漂亮的翻糖花装饰，既可享受神秘宝藏带来的惊喜，又弥漫着满满的浓情蜜意，是情人节礼物的不二选择！

材料

A 原味奶油霜

奶油	500g
糖粉	50g

B 柑橘重奶油蛋糕

杏仁膏（蛋糕用）	155g
细砂糖	125g
精盐	2g
奶油	350g
蛋黄	285g
柠檬酱	12g
香草酱	2.5g
动物性鲜奶油	65g
橘丝酱	350g
低筋面粉	270g
高筋面粉	155g
泡打粉	6g

A 原味奶油霜做法

① 使用搅拌器将奶油打发至稍微泛白。

② 加入糖粉，继续打发至整体均匀，呈挺立状。

A+B 组合

柑橘重奶油蛋糕
原味奶油霜（打发）250g
钱币型苦甜巧克力 250g
植物性鲜奶油
各色翻糖少许

③ 装入菊花型花嘴挤花袋。

B 柑橘重奶油蛋糕做法

1 将奶油、杏仁膏放入钢盆，使用搅拌机拌至无颗粒。

2 加入细砂糖、精盐后继续打发（至稍微泛白蓬松）。

3 将蛋黄分次加入，拌匀乳化。

4 继续加入柠檬酱、香草酱、动物性鲜奶油、橘丝酱，拌匀乳化。

5 加入低筋面粉、高筋面粉、泡打粉，整体拌匀，备用。

6 将完成的面糊倒入蛋糕模中至八分满，轻敲蛋糕模，使面糊平整。

7 放入烤箱，烤焙约20分钟（温度：上火190℃／下火180℃）。

8 将烤盘前后掉头，温度改为上火160℃／下火180℃，继续烤焙20分钟。

9 出炉后，整模倒扣，放置转台（待蛋糕体冷却），备用。

A+B 组合

1 将植物性鲜奶油放入钢盆，使用搅拌器将其打发至挺立状。

2 将整体冷却后的蛋糕脱模，并将蛋糕体横切成片状（切成五等份）。

3 使用4寸圆形切模，将第二层、第三层和第四层蛋糕的中间挖空，呈现中空状。

4 待4层蛋糕体呈中空状后，将钱币型苦甜巧克力装进蛋糕的空洞中。

5 将第五层蛋糕盖于顶层，放入转台。

6 将蛋糕整体组合完成后，在其表面与侧面抹上原味奶油霜，直至光滑平整。

7 用锯尺刮板在蛋糕侧边划出纹路，然后用抹刀将蛋糕上方抹平整。

8 将打发的植物性鲜奶油挤出花形。

9 取各色翻糖，用擀面棒压平，再用压花器压出各式造型的花朵。最后在蛋糕表面制作出各式造型的装饰，即成。

Birthday chiffon cake

生日戚风蛋糕

·制作时间：	约 120 分钟
·难易度：	★ ★ ★ ★ ☆
·制作数量：	1
·最佳品尝期：	3 天

戚风蛋糕用打发极细致的蛋白霜制成，口感松软细绵，入口即化，且适合冷藏。搭配打发的植物性鲜奶油和水果夹心，更是令人难以抗拒。它是永远不过时的生日礼物。

材料

戚风蛋糕

鲜奶.............................9ml
色拉油........................90ml
香草精...........................3g
低筋面粉.....................130g
蛋黄...........................150g
蛋白...........................300g
细砂糖.........................150g
塔塔粉...........................1g

戚风蛋糕 + 组合

戚风蛋糕
植物性鲜奶油 500g（打发）
新鲜草莓丁 500g
时令新鲜水果 250g
果胶适量

戚风蛋糕做法

1　将鲜奶、色拉油、香草精放入煮锅，以中小火加热至温热（勿沸腾）。

2　加入低筋面粉后拌匀。

3　加入蛋黄拌匀，即成"蛋黄面糊"。

4　将蛋白、细砂糖、塔塔粉放入钢盆，使用搅拌机打发至挺立，尖端呈微垂状。

5　取出1/3打发后的蛋白，加入做法3中的"蛋黄面糊"混合拌匀。

6　将剩余2/3打发后的蛋白加入拌匀，混拌至面糊整体光亮、均匀、不消泡。

7　将制成的面糊倒入蛋糕模中至八分满。

8　轻敲蛋糕模，使面糊平整。

9　出炉后，整模倒扣至出炉架上，待蛋糕体冷却，备用。

戚风蛋糕 + 组合

1 将植物性鲜奶油放入钢盆中，打发至挺立状。

2 将整体冷却后的戚风蛋糕脱模，横切成片状（切成三等份）。

3 在底部第一层蛋糕体上，先抹上薄薄的一层植物性鲜奶油。

4 在植物性鲜奶油上平均铺上草莓丁，再抹上薄薄的一层植物性鲜奶油。

5 铺盖上第二层蛋糕体后，再在其上抹上一层植物性鲜奶油，然后铺上草莓丁。

6 将第三层蛋糕体铺盖上，轻压，并将其与另外两层蛋糕体紧密结合，放入冰箱冷藏约1小时（待其定型）。

7 将蛋糕体取出，在表面抹上植物性鲜奶油，直至光滑、平整。

8 在蛋糕表面装饰挤出的花朵和叶子，后在其周围挤上植物性鲜奶油。

9 放上时令新鲜水果，并在水果表层擦上果胶。最后用溶解的巧克力液写上所需字样，即成。

图书在版编目（CIP）数据

世界冠军的烘焙甜点 / 杨嘉明著 . -- 南京：江苏
凤凰科学技术出版社 , 2019.6

ISBN 978-7-5713-0172-9

Ⅰ . ①世… Ⅱ . ①杨… Ⅲ . ①烘焙 – 糕点加工 – 教材
Ⅳ . ① TS213.2

中国版本图书馆 CIP 数据核字 (2019) 第 040678 号

《世界冠军的烘焙甜点》

杨嘉明 著

本书经由城邦文化事业股份有限公司新手父母出版事业部授权凤凰含章文化传
媒（天津）有限公司独家出版发行中文简体字版本。非经书面同意，不得以任
何形式任意重制、转载。

江苏省版权局著作权合同登记 图字： 10-2018-402 号

世界冠军的烘焙甜点

著　　　者	杨嘉明
责 任 编 辑	倪　敏
责 任 校 对	郝慧华
责 任 监 制	曹叶平　方　晨
出 版 发 行	江苏凤凰科学技术出版社
出版社地址	南京市湖南路 1 号 A 楼，邮编：210009
出版社网址	http://www.pspress.cn
印　　　刷	天津旭丰源印刷有限公司
开　　　本	787mm×1 092mm　1/16
印　　　张	12
版　　　次	2019 年 6 月第 1 版
印　　　次	2019 年 6 月第 1 次印刷
标 准 书 号	ISBN 978-7-5713-0172-9
定　　　价	49.80 元

图书如有印装质量问题，可随时向我社出版科调换。